Anleitung zur Beurteilung und Bewertung
der wichtigsten neueren Arzneimittel.

# Anleitung
## zur Beurteilung und Bewertung der wichtigsten neueren Arzneimittel.

Von

## Dr. I. Lipowski,

Dirigierender Arzt der inneren Abteilung
der städtischen Diakonissenanstalt in Bromberg.

Mit einem Geleitwort
des Geh. Med.-Rat Professor **Dr. H. Senator.**

**Berlin.**
Verlag von Julius Springer.
1908.

ISBN-13: 978-3-642-89452-7     e-ISBN-13: 978-3-642-91308-2
DOI: 10.1007/978-3-642-91308-2

Softcover reprint of the hardcover 1st edition 1908

# Geleitwort.

Für das Bedürfnis des praktischen Arztes wird heutzutage
so viel geschrieben und gedruckt, daß aus Mangel an litera-
rischen Hilfsquellen zu seiner Belehrung und Fortbildung wohl
keiner in Verlegenheit kommt, sondern vielmehr aus Über-
fluß an solchen, zumal wenn ihm die Handhabe zur Beurteilung des überreich gebotenen Stoffes, die Grundlage der Kritik
fehlt. Auf keinem Gebiet der Medizin aber wird die Verlegenheit so groß wie auf dem der Arzneimittellehre, denn was
hier tagtäglich an ,,Literatur‘‘ hervorgebracht wird, das geht
weit über die Aufnahmefähigkeit und Fassungskraft eines jeden
Arztes, auch wenn er gar nichts weiter zu tun hätte, als diese
Literatur zu lesen.

Sie einzuschränken und ihr Angebot zu verringern, halte
ich nicht für möglich und auch gar nicht für wünschenswert.
Denn selbstverständlich finden sich in der Fülle des Gebotenen
auch manche wertvollen Arzneimittel, die eine wirkliche Bereicherung unseres sogenannten ,,thesaurus medicaminum‘‘ darstellen.

Es kommt nur darauf an, die Spreu von dem Weizen zu
scheiden, und in dieser Beziehung entspricht das vorliegende
Buch des Herrn Dr. Lipowski nach meiner Überzeugung un-
zweifelhaft einem Bedürfnis, weil es mehr bietet als eine bloße
Zusammenstellung aller neuen und neuesten Arzneimittel mit
ihren wirklichen oder vermeintlichen Indikationen.

Es gibt außerdem — und darin sehe ich einen
wesentlichen Vorzug vor den schon vorhandenen Zu-
sammenstellungen — in leichtverständlicher Form eine
Darstellung der theoretischen Grundlagen für die Auf-
findung und den Aufbau der neueren Arzneimittel und
für die Kenntnis ihrer Wirkung. Es lehrt den Arzt das

Verständnis der Arzneiwirkung und setzt ihn somit in den Stand, bis zu einem gewissen Grade selbst über den voraussichtlichen Wert eines neu empfohlenen Mittels sich ein Urteil zu bilden und nicht kritiklos von der Reklame sich beeinflussen zu lassen.

Da jene theoretischen Grundlagen, die chemische Konstitution und die physiologische Wirkung, jetzt in der Hauptsache feststehen, auch wohl ab und zu noch eine Bereicherung erfahren werden, aber nicht dem Wechsel der Mode unterworfen sind, so läuft das Buch nicht Gefahr, bald zu veralten wegen immer neuer Anpreisungen von Mitteln, sondern behält einen dauernden Wert als Maßstab für deren Beurteilung. Und auf Grund dessen glaube ich, es angelegentlichst empfehlen zu dürfen.

**H. Senator.**

# Vorwort.

Die Hochflut der neuen Arzneimittel, die den Arzt zu verwirren droht, erfordert energische Maßregeln zur Verhütung resp. Beseitigung dieser Gefahr. All die seit Jahren täglich neu erscheinenden Produkte kühnen Forschergeistes oder reger kaufmännischer Spekulation in ihrer chemischen Konstitution ihrer pharmakotherapeutischen Bedeutung richtig zu beurteilen und zu bewerten, dazu gehört für den Arzt bei den vorhandenen Hilfsmitteln ein eingehendes, nicht leicht zu bewältigendes Studium.

Die Ära der neueren Arzneimittel datiert von der Mitte des vorigen Jahrhunderts, da die organische Chemie ihren Aufschwung nahm und uns das Chloroform, Jodoform, Chloral und die Salicylsäure schenkte. Ursprünglich rein chemischer Spekulation und Forschung entsprossen, erwiesen sich diese Körper als eminente Heilfaktoren, als welche sie sich bis auf den heutigen Tag bewährt haben.

Zu ungeahnter Blüte gelangte die Kunst, Heilmittel durch Synthese zu gewinnen nach Knorrs epochemachender synthetischer Darstellung des Antipyrins im Jahre 1884. Wenige Jahre später (1887) wurde die antipyretische Wirkung des Acetanilids erkannt, und nunmehr begann die Jagd nach immer neuen und angeblich immer besseren Heilmitteln. Fand man wirklich ein brauchbares Mittel, dann wurden alle chemischen Möglichkeiten in ihren therapeutischen Eigenschaften erforscht. Günstige Erfahrungen wurden enthusiastisch veröffentlicht, bis die ruhigere Forschung und besonnene Erfahrung das häufig vernichtende Urteil fällten. So mußten unzählige mit Feuereifer studierte und mit flammender Begeisterung empfohlene Arzneimittel ihr kurzes Dasein zu dauernder Vernichtung eintauschen. Was Wunder, daß der Arzt, durch ununterbrochene

Enttäuschungen gewitzigt, heute allen neuen Mitteln skeptisch begegnet und sich kaum der Mühe unterzieht, alle die verwirrenden Namen seinem Gedächtnis einzuprägen. So verfällt auch manche Zierde unseres Arzneischatzes diesem unverdienten Schicksal, weshalb die Frage von großer Bedeutung wird, wie diese Gefahr zu vermeiden ist. Kobert in Rostock glaubte alle Fährnis durch eine Kommission aus Ärzten, Pharmakologen und pharmazeutischen Chemikern zu beseitigen, welche über neue Arzneimittel zu Gericht sitzen und ihr Schicksal entscheiden sollte. Die Verwirklichung seiner Idee scheiterte an der Weigerung aller beteiligten Kreise. Die chemische Großindustrie sah sich in ihrer Existenz bedroht, die Ärzte und Pharmakologen fürchteten eine beengende Kontrolle durch die Obrigkeit. So blieb und bleibt die Beurteilung und Bewertung der neueren Arzneimittel lediglich dem Ermessen des Arztes anheimgestellt, der sich mühsam sein Urteil aus der Literatur und seinen Erfahrungen erwerben muß. Bei der Umschau nach zweckmäßiger Literatur begegnen uns große Handbücher über neuere Arzneimittel, die wegen ihrer Ausführlichkeit und des teuren Preises für den Arzt unbrauchbar sind. Eine andere Art von Büchern registriert mit Fleiß und Gewissenhaftigkeit alle nur irgend erwähnten Heilmittel, die alphabetisch geordnet, mit den Lobreden ihrer Entdecker oder ersten Versucher veröffentlicht werden. Wieder andere Bücher bemühen sich, den Zusammenhang zwischen chemischer Konstitution und pharmakologischer Wirkung in theoretischen Erwägungen darzustellen. Ist das eine Buch vom pharmazeutisch-chemischen Standpunkt aus nur für Pharmazeuten geschrieben, so wendet sich ein anderer Verfasser an Ärzte, Chemiker und Pharmazeuten. Von geringem Wert sind die Veröffentlichungen der Fabriken, die natürlich dem Leser nur einseitige Beurteilung darbieten.

Es ist mir nicht gelungen, ein Büchlein aufzufinden, dessen Autor die neueren Arzneimittel in ihrem chemischen Aufbau dem ärztlichen Verständnis näher bringt und von der Theorie ausgehend die praktische Bedeutung erörtert, um endlich das Urteil durch eigene Erfahrung abzuschließen. Diesem Mangel soll dieses Büchlein abhelfen. Ein Überblick über die organische Chemie ist unbedingt erforderlich, wenn die Wege der pharmakotherapeutischen Forschung verfolgt und verstanden werden sollen. Diese notwendigen Daten habe ich nicht in Form eingehender rein wissenschaftlicher Doktrin gegeben, sondern den jeweiligen Abschnitten in gedrängter Kürze, aber genügender Verständlichkeit vorangeschickt. In der Erwägung, daß die chemischen Kenntnisse aus der Studienzeit des Arztes sich verflüchtigt haben, setze ich chemische Kenntnisse nicht voraus. Mit ungemein geringen Mitteln ist volles Verständnis der chemischen Konstruktion der Mittel zu erreichen, und von diesen Formeln ausgehend sind alle die Variationen und Kombinationen zu übersehen und zu beurteilen ohne weiteres möglich, die heute als unentwirrbares Chaos sich darbieten.

Es sind immer dieselben Wege und Mittel der Forschung und der industriellen Unternehmung, die zu neuen Mitteln führen. Mit leichter Mühe verschafft sich der Arzt einen klaren Blick über die Gedanken und Arbeiten der therapeutischen Chemiker, und wenn ein neues Mittel das Licht der Welt erblickt, dann vermag der kundige Beurteiler sofort das Wesentliche und Wertvolle des Heilmittels herauszuheben und folgt mühelos der Literatur oder seiner Erfahrung.

Es konnte nicht in meiner Absicht liegen, alle empfohlenen neuen Heilmittel in mein Büchlein aufzunehmen. Zur Vermeidung verwirrender Zerklüftung und Zersplitterung würdigte ich nur diejenigen Mittel einer Besprechung, die sich bisher bewährt haben oder vom theoretischen Standpunkt aus besondere Bewertung verlangen. Diese subjektive Auswahl erfordert Nachsicht. Bei der ungeheuren Fülle des Stoffes konnte ich unmöglich der Gefahr entgehen, dieses oder jenes vom Leser geschätzte Heilmittel zu übersehen oder weniger geschätzte zu loben. Ich folgte meinem Urteil und meiner Erfahrung, ohne natürlich die intensivste Belehrung aus der Literatur zu vernachlässigen. Mit besonderer Anerkennung und Dank erwähne ich besonders v. Grolmann, Rosenthaler und Hildebrandt, die in ihrer Art Meisterhaftes geleistet haben. Namentlich Rosenthaler hat mir reiche theoretische Belehrung und Anregung geboten.

Bromberg, im Januar 1908.

**I. Lipowski.**

# Inhaltsverzeichnis.


Seite

Geleitwort des Herrn Geh. Med.-Rat. Prof. Dr. H. Senator . V
Vorwort des Verfassers . . . . . . . . . . . . . . . . . VII
Einleitung . . . . . . . . . . . . . . . . . . . . . . . . 1

**I. Die therapeutisch wichtigen Abkömmlinge des Grubengases (CH$_4$) und dessen Oxydationsprodukte** . . . 2—12

1. Chloroform, Bromoform, Jodoform . . . . . . . . . . . 2
2. Äthylchlorid, Äthylbromid . . . . . . . . . . . . . . 3
3. Äthylalkohol . . . . . . . . . . . . . . . . . . . . 3
4. Isopral . . . . . . . . . . . . . . . . . . . . . . 4
5. Aldehyde . . . . . . . . . . . . . . . . . . . . . . 4
   a) Formaldehyd . . . . . . . . . . . . . . . . . . . . 4— 8
      α) Hexamethylentetramin (Urotropin). — β) Helmitol.
      — γ) Citarin. — δ) Jodoformin. — ε) Hetralin. —
      ζ) Lysoform.
   b) Paraldehyd . . . . . . . . . . . . . . . . . . . . 8
   c) Chloral . . . . . . . . . . . . . . . . . . . . . 8
      α) Chloralhydrat. — β) Chloralamid. — γ) Dormiol.
6. Die Sulfonalgruppe . . . . . . . . . . . . . . . . . 9—10
   a) Sulfonal . . . . . . . . . . . . . . . . . . . . . 9
   b) Trional . . . . . . . . . . . . . . . . . . . . . 10
   c) Tetronal . . . . . . . . . . . . . . . . . . . . . 10
7. Amylenhydrat . . . . . . . . . . . . . . . . . . . . 10
8. Urethane . . . . . . . . . . . . . . . . . . . . . . 10
   a) Äthylurethan . . . . . . . . . . . . . . . . . . . 10
   b) Hedonal . . . . . . . . . . . . . . . . . . . . . 11
   c) Veronal . . . . . . . . . . . . . . . . . . . . . 11
   d) Neuronal . . . . . . . . . . . . . . . . . . . . . 11

**II. Die anästhetisch wirkenden Abkömmlinge des Benzolringes** 12—18

1. Eucain A und B . . . . . . . . . . . . . . . . . . . 14
2. Euphthalminum hydrochloricum . . . . . . . . . . . . 15
3. Aromatische Amido- und Oxyamidosäuren . . . . . . . 15
   a) Orthoform . . . . . . . . . . . . . . . . . . . . 16
   b) Anästhesin . . . . . . . . . . . . . . . . . . . . 16

Seite

c) Nirvanin . . . . . . . . . . . . . . . . . . . . . . 17
d) Holocain . . . . . . . . . . . . . . . . . . . . . . 17
e) Acoin . . . . . . . . . . . . . . . . . . . . . . . . 17
f) Stovain . . . . . . . . . . . . . . . . . . . . . . . 17
g) Alypin . . . . . . . . . . . . . . . . . . . . . . . 17
h) Novocain . . . . . . . . . . . . . . . . . . . . . . 17

**III. Antiseptica aus organischen Verbindungen der Schwer-metalle und des Jods** . . . . . . . . . 18—32

1. Organische Quecksilberverbindungen . . . . . . . . . . 21
   a) Quecksilberoxycyanid . . . . . . . . . . . . . . 21
   b) Hydrargyrum salicylicum . . . . . . . . . . . . . 21
   c) Hydrargyrum sulfuricum aethylendiaminatum . . . . 21
2. Organische Silberverbindungen . . . . . . . . . . . . 22
   a) Silberverbindungen mit organischen Säuren . . . . . 22
   b) Argentaminum liquidum . . . . . . . . . . . . . . 22
   c) Silberverbindungen mit Eiweiß und Leim . . . . . . 22—23
      $\alpha$) Argonin. — $\beta$) Largin. — $\gamma$) Protargol. — $\delta$) Argentum colloidale.
3. Organische Wismutverbindungen . . . . . . . . . . . . 23—24
   a) Die Bi-Verbindungen mit organischen Säuren . . . . 23
   b) Die Bi-Phenolverbindungen . . . . . . . . . . . . 24
   c) Die Bi-Eiweißverbindungen . . . . . . . . . . . . 24
4. Organische Jodverbindungen . . . . . . . . . . . . . 24
   a) Jodoform . . . . . . . . . . . . . . . . . . . . 25
   b) Jodol . . . . . . . . . . . . . . . . . . . . . . 26
   c) Jodeiweißverbindungen . . . . . . . . . . . . . . 28
      $\alpha$) Jodalbacid. — $\beta$) Jodeigon.
   d) Jodipin . . . . . . . . . . . . . . . . . . . . . 28
   e) Sozojodolverbindungen . . . . . . . . . . . . . . 29
   f) Europhen . . . . . . . . . . . . . . . . . . . . 29
   g) Jodoanisol . . . . . . . . . . . . . . . . . . . 29
   h) Vioform . . . . . . . . . . . . . . . . . . . . . 30
   i) Jothion . . . . . . . . . . . . . . . . . . . . . 31
   k) Sajodin . . . . . . . . . . . . . . . . . . . . . 31
5. Organische Bromverbindungen . . . . . . . . . . . . . 31

**IV. Antiseptica mit Phenolkern** . . . . . . 32—38

1. Carbolsäure . . . . . . . . . . . . . . . . . . . . . 32
2. Kresole . . . . . . . . . . . . . . . . . . . . . . . 33
3. Lysol . . . . . . . . . . . . . . . . . . . . . . . . 34
4. Darmantiseptica . . . . . . . . . . . . . . . . . . . 34—37
   a) Salol . . . . . . . . . . . . . . . . . . . . . . 36
   b) Betol . . . . . . . . . . . . . . . . . . . . . . 37
   c) Resorcin . . . . . . . . . . . . . . . . . . . . 37
5. $\beta$ Naphthol . . . . . . . . . . . . . . . . . . . 37
   Epicarin . . . . . . . . . . . . . . . . . . . . . . 37
6. Pyrogallol . . . . . . . . . . . . . . . . . . . . . 37

Inhaltsverzeichnis.

XIII


Seite

a) Eugallol . . . . . . . . . . . . . . . . . . . . . . . . 38
b) Lenigallol . . . . . . . . . . . . . . . . . . . . . . 38

**V. Antiphthisica** . . . . . . . . . . . 38—40

1. Kreosot . . . . . . . . . . . . . . . . . . . 39
   a) Kreosotcarbonat . . . . . . . . . . . . . 39
   b) Eosot . . . . . . . . . . . . . . . . . . 39
   c) Pneumin . . . . . . . . . . . . . . . . . 39
   d) Sulfosot . . . . . . . . . . . . . . . . . 40
2. Guajacol . . . . . . . . . . . . . . . . . . 40
   a) Guajacolcarbonat . . . . . . . . . . . . . 40
   b) Geosot . . . . . . . . . . . . . . . . . . 40
   c) Thiocol . . . . . . . . . . . . . . . . . 40
      Sirolin . . . . . . . . . . . . . . . . . . 40
   d) Histosan . . . . . . . . . . . . . . . . . 40

**VI. Therapeutisch wichtige Abkömmlinge der Salicylsäure und Gerbsäure** . . . . . . . . . . 40—44

1. Innerlich zu nehmende Salicylsäurepräparate . . . . . . 40
   a) Salicylsaures Natrium . . . . . . . . . . . . . 41
   b) Glykosal . . . . . . . . . . . . . . . . . . 41
   c) Aspirin . . . . . . . . . . . . . . . . . . 42
   d) Benzosalin . . . . . . . . . . . . . . . . . 42
2. Äußerlich anzuwendende Salicylsäureverbindungen . . . 42
   a) Rheumasan . . . . . . . . . . . . . . . . . 42
   b) Methylester der Salicylsäure . . . . . . . . . . 42
   c) Mesotan . . . . . . . . . . . . . . . . . . 42
3. Gerbsäure und ihre Derivate . . . . . . . . . . . . 43
   a) Tannigen . . . . . . . . . . . . . . . . . 44
   b) Tannalbin . . . . . . . . . . . . . . . . . 44
   c) Tannacol . . . . . . . . . . . . . . . . . 44
   d) Tannopin . . . . . . . . . . . . . . . . . 44

**VII. Antipyretica** . . . . . . . . . . . 44—49

1. Antipyrin und seine Derivate . . . . . . . . . . . . 45
   a) Antipyrin . . . . . . . . . . . . . . . . . 45
   b) Salipyrin . . . . . . . . . . . . . . . . . 46
   c) Chinotropin . . . . . . . . . . . . . . . . 46
   d) Pyramidon . . . . . . . . . . . . . . . . . 46
   e) Trigemin . . . . . . . . . . . . . . . . . 46
2. Anilinverbindungen . . . . . . . . . . . . . . . . 47
   a) Phenacetin . . . . . . . . . . . . . . . . . 47
   b) Lactophenin, Citrophen . . . . . . . . . . . 47
   c) Phenocoll . . . . . . . . . . . . . . . . . 47
   d) Salophen . . . . . . . . . . . . . . . . . 48
3. Chinin und seine Derivate . . . . . . . . . . . . . 48
   a) Salochinin . . . . . . . . . . . . . . . . . 48
   b) Aristochin . . . . . . . . . . . . . . . . . 48
   c) Euchinin . . . . . . . . . . . . . . . . . 48

Seite

d) Chininum bihydrobromicum . . . . . . . . . . . . . 49
e) Chininum glycerino-phosphoricum . . . . . . . . . . 49
f) Extractum Chinae Nanning . . . . . . . . . . . . 49

**VIII. Neuere Abführmittel** . . . . . . . 49—51

1. Purgatin (Purgatol) . . . . . . . . . . . . . . . . . . 50
2. Exodin . . . . . . . . . . . . . . . . . . . . . . . . 50
3. Purgen . . . . . . . . . . . . . . . . . . . . . . . . 50

**IX. Diuretica** . . . . . . . . . . 51—54

Xanthinderivate . . . . . . . . . . . . . . . . . . . . . 52
a) Coffein . . . . . . . . . . . . . . . . . . . . . . . 52
b) Theobromin . . . . . . . . . . . . . . . . . . . . . 52
   α) Diuretin. — β) Agurin. — γ) Barutin.
c) Theophyllin . . . . . . . . . . . . . . . . . . . . . 53
   Theocin . . . . . . . . . . . . . . . . . . . . . 54

**X. Organische Gichtmittel** . . . . . . . 54—56

1. Piperazin . . . . . . . . . . . . . . . . . . . . . . . 55
2. Lysidin . . . . . . . . . . . . . . . . . . . . . . . . 55
3. Chinasäure . . . . . . . . . . . . . . . . . . . . . . 55
a) Sidonal . . . . . . . . . . . . . . . . . . . . . . . 56
b) Chinotropin . . . . . . . . . . . . . . . . . . . . . 56
c) Urol . . . . . . . . . . . . . . . . . . . . . . . . 56
d) Sidonal-neu . . . . . . . . . . . . . . . . . . . . . 56

**XI. Cardiaca, neuere Baldrianpräparate und Balsamica** . 56—61

1. Digitalispräparate . . . . . . . . . . . . . . . . . . . 56—59
a) Folia Digitalis . . . . . . . . . . . . . . . . . . . 56—57
b) Folia Digitalis concentrata et pulverisata . . . . . . 57
c) Digitalisatum Bürger . . . . . . . . . . . . . . . . . 57
d) Digitalisdialysat von Golaz & Comp. . . . . . . . . . 57
e) Digitalin und Digitoxin . . . . . . . . . . . . . . . 57
f) Digalen . . . . . . . . . . . . . . . . . . . . . . . 58
2. Neuere Baldrianpräparate . . . . . . . . . . . . . . . . 59—60
a) Borneol . . . . . . . . . . . . . . . . . . . . . . . 59
b) Valyl . . . . . . . . . . . . . . . . . . . . . . . . 60
c) Validol . . . . . . . . . . . . . . . . . . . . . . . 60
3. Balsamica . . . . . . . . . . . . . . . . . . . . . . . 60

**XII. Organische Ersatzpräparate anorganischer Arzneimittel** 61—68

1. Organische Schwefelverbindungen . . . . . . . . . . . . 61—63
a) Ichthyol . . . . . . . . . . . . . . . . . . . . . . . 61
   α) Ammonium sulfo-ichthyolicum. — β) Ichthalbin.
   — γ) Ichthoform. — δ) Ichthargan.
b) Petrosulfol . . . . . . . . . . . . . . . . . . . . . 62
c) Thigenol . . . . . . . . . . . . . . . . . . . . . . . 62
d) Thiol . . . . . . . . . . . . . . . . . . . . . . . . 63
e) Tumenol . . . . . . . . . . . . . . . . . . . . . . . 63
2. Organische Phosphorverbindungen . . . . . . . . . . . . 63—65
a) Glycerinphosphorsäure . . . . . . . . . . . . . . . . 63

Inhaltsverzeichnis.                              XV


Seite

  b) Protylin . . . . . . . . . . . . . . . . . . . . 65
  c) Phytin . . . . . . . . . . . . . . . . . . . . . 65
3. Organische Arsenverbindungen . . . . . . . . . . . . 65—66
  a) Arrhenal . . . . . . . . . . . . . . . . . . . . 65
  b) Kakodylsäure . . . . . . . . . . . . . . . . . 65
  c) Atoxyl . . . . . . . . . . . . . . . . . . . . . 66
4. Organische Eisenverbindungen . . . . . . . . . . . . 66—68
  a) Eisensalze organischer Säuren . . . . . . . . . . 67
  b) Eiweißverbindungen des Eisens . . . . . . . . . . 67
  c) Eisentinkturen . . . . . . . . . . . . . . . . . 67
  d) Eisenhaltige Produkte aus dem Blute . . . . . . . . 67
    $\alpha$) Hämatogene. — $\beta$) Hämoglobine. — $\gamma$) Hämatin-
    präparate.
  e) Ferratin und Triferrin . . . . . . . . . . . . . . 68

**XIII. Alkaloide** . . . . . . . . . . 68—72

1. Morphinderivate . . . . . . . . . . . . . . . . . . 68—70
  a) Codein . . . . . . . . . . . . . . . . . . . . . 69
  b) Dionin . . . . . . . . . . . . . . . . . . . . . 69
  c) Peronin . . . . . . . . . . . . . . . . . . . . 69
  d) Heroin . . . . . . . . . . . . . . . . . . . . . 69
2. Apo-Alkaloide . . . . . . . . . . . . . . . . . . . 70
  a) Apomorphin . . . . . . . . . . . . . . . . . . 70
  b) Apocodein . . . . . . . . . . . . . . . . . . . 70
  c) Euporphin . . . . . . . . . . . . . . . . . . . 70
3. Secale cornutum . . . . . . . . . . . . . . . . . . 71
  a) Clavin . . . . . . . . . . . . . . . . . . . . . 71
  b) Extractum secalis cornuti fluidum . . . . . . . . 71
    $\alpha$) Extractum secalis cornuti dialysatum Golaz . . . . 71
4. Hydrastis- und ähnliche Präparate . . . . . . . . . . 71—72
  a) Hydrastinin . . . . . . . . . . . . . . . . . . . 71
  b) Stypticin . . . . . . . . . . . . . . . . . . . . 72
  c) Styptol . . . . . . . . . . . . . . . . . . . . . 72

**XIV. Salbengrundlagen** . . . . . . . . 72—74

1. Vaselin . . . . . . . . . . . . . . . . . . . . . . 72
2. Lanolin . . . . . . . . . . . . . . . . . . . . . . 72
3. Fetron . . . . . . . . . . . . . . . . . . . . . . . 73
4. Mollin . . . . . . . . . . . . . . . . . . . . . . . 74
5. Resorbin . . . . . . . . . . . . . . . . . . . . . . 74

**XV. Organpräparate** . . . . . . . . 74—78

1. Produkte aus der Glandula thyreoidea . . . . . . . . . 75
  a) Jodothyrin . . . . . . . . . . . . . . . . . . . 75
  b) Thyreoidinum siccatum . . . . . . . . . . . . . . 75
  c) Thyraden . . . . . . . . . . . . . . . . . . . . 76
2. Nebennierenpräparate . . . . . . . . . . . . . . . . 76—78
  a) Adrenalin und analoge Substanzen . . . . . . . . . 76
  b) Glandulae suprarenales siccatae pulverisatae . . . . . 77

|  |  | Seite |
|---|---|---|
| **XVI Heilsera** | | 78—85 |
| 1. Diphtherie-Antitoxin | | 79 |
| 2. Tetanus-Antitoxin | | 81 |
| 3. Tuberkulinpräparate | | 83—85 |
| **XVII. Nährpräparate** | | 85—96 |
| 1. Eiweißpräparate | | 86—90 |
|   a) Unlösliche: | | 86—88 |
|     α) Soson. — β) Nährstoff Heyden. — γ) Tropon. — | | |
|     δ) Aleuronat und Roborat. | | |
|   b) Lösliche: | | 88 |
|     α) Fleischpeptone. — β) Somatose. — γ) Caseinpräparate. | | |
| 2. Leimpräparate | | 90 |
| 3. Kohlehydrate | | 90—92 |
|   a) Leguminosenmehle | | 90 |
|   b) Kindermehle | | 91 |
|   c) Theinhardt's Kindernahrung | | 91 |
|   d) Odda | | 91 |
| 4. Milchersatzmittel | | 92—94 |
|   a) v. Liebigs und Kellers Kindernahrung | | 92 |
|   b) Liebes Produkte | | 93 |
|   c) Heubners Milchmischung | | 93 |
|   d) Soxhlets Nährzucker | | 93 |
|   e) Biederts Rahmgemenge | | 93 |
|   f) Gärtnersche Fettmilch | | 94 |
|   g) Backhaus-Milch | | 94 |
| 5. Fettersatzmittel | | 94—95 |
|   a) Lebertranpräparate | | 94 |
|   b) Lipanin | | 95 |
|   c) Sana | | 95 |
| 6. Nährpräparate mit verschiedenen Nährstoffen | | 95 |
|   a) Eulactol | | 95 |
|   b) Hygiama | | 95 |
|   c) Rademanns Nährtoast | | 95 |
| 7. Getränke | | 95—96 |
|   a) aus Früchten | | 95 |
|   b) durch Gärung aus Milch gewonnen | | 96 |
| **XVIII. Schluß** | | 96 |

# Einleitung.

Die Medizin ist wie unsere Anschauungen und gesamte Lebensführung zu einem guten Teil der Mode unterworfen, so sehr, daß nur „zeitgemäße" Ansichten unser medizinisches Denken, Fühlen und Handeln bestimmen. Und doch bedarf die Mode, wie jedes Blatt unserer Geschichte beweist, skeptischer Beurteilung. Jeder Wechsel der Anschauungen beweist die Unsicherheit und Vergänglichkeit der vorher herrschenden Strömung.

Zur modernen Richtung gehört das Emporwuchern chemischer Arzneimittel in der Therapie. Jeder Arzt empfängt durch die Morgenpost eine Unzahl von Druckschriften, welche die Unfehlbarkeit und erstaunliche Wirkung neu erfundener Arzneimittel anpreisen. Da notwendigerweise die Flut der neuen Mittel den einzelnen verwirrt, begnügt er sich in der Regel mit dem Studium der Namen, das allein schon ziemliche Anforderungen an das Gedächtnis stellt. Ein tieferer Einblick in die chemischen und pharmakologischen Grundlagen, von welchen die Erfindung der neuen Arzneimittel ausgeht, ist den wenigsten möglich. Und doch ist eine kritische Anwendung, die Beurteilung und Bewertung eines Mittels, nur denkbar auf Basis einer genauen Kenntnis der chemischen Konstitution und pharmakologischen Wirkungsbreite.

Die zum Verständnis notwendigen chemischen Daten sind in wenigen Sätzen zu geben.

# I. Die therapeutisch wichtigen Abkömmlinge des Grubengases (CH₄) und dessen Oxydationsprodukte.

Die Grundformel, von der ein großer Teil organisch-chemischer Konstitutionen ausgeht, ist das Grubengas

$$CH_4 = C\begin{smallmatrix} H \\ H \\ H \\ H \end{smallmatrix}.$$

Das Kohlenstoffatom C hat also vier Valenzen, die im Grubengas durch vier Wasserstoffatome gebunden sind. Jede dieser vier Valenzen kann durch ein anderes einwertiges Element oder einwertigen Molekülrest ersetzt werden. Durch Chlorsubstitution entstehen

$$C\begin{smallmatrix} Cl \\ H \\ H \\ H \end{smallmatrix} = CClH_3 ,$$

ferner $CCl_2H_2$, $CCl_3H$ und $CCl_4$. Von diesen chemischen Möglichkeiten ist $C\begin{smallmatrix} Cl \\ Cl \\ Cl \\ H \end{smallmatrix} = CCl_3H = $ Chloroform therapeutisch bekannt. Die anderen Chlorkohlenstoffverbindungen des Grubengases sind wegen geringer Wirkung oder gesteigerter Giftigkeit ($CCl_4$) dem Chloroform unterlegen. Wenn an Stelle des Cl Brom verwandt wird, ergeben sich die analogen Verbindungen $CBrH_3$, $CBr_2H_2$ usw., von denen das Bromoform $CBr_3H$ den Ärzten bekannt ist. Auch das Jodoform $CJ_3H$ ist ein Schatz der chemisch-medizinischen Rüstkammer. Nun noch einige Worte zur chemischen Nomenklatur.

$CH_4$ (Grubengas) ist Methan; $CH_3$ (Molekülrest des $CH_4$) heißt Methyl; $CH_2$ Methylen; also $CH_3Cl$ heißt Methylchlorid. In der Formel

$$C <\!\!\begin{matrix} H \\ H \\ H \\ H \end{matrix}$$

kann ein H durch den Molekülrest $CH_3$ ersetzt werden, dann entsteht

$$C <\!\!\begin{matrix} H \\ H \\ H \\ CH_3 \end{matrix} \;=\; C_2H_6,$$

eine Verbindung, die Äthan genannt wird. Mit dieser Formel können dieselben Veränderungen wie mit $CH_4$ erfolgen; daraus entstehen $C_2H_5$ (Äthyl) Cl, $C_2H_5Br$ oder $C_2H_4Cl_2$, $C_2H_4Br_2$ usw. Therapeutisch nutzbar gemacht ist nur

$$C_2H_5Cl \;=\; \text{Äthylchlorid,}$$
$$C_2H_5Br \;=\; \text{Äthylbromid.}$$

Äthylchlorid.<br>Äthylbromid.

Wenn man im Methan oder Äthan ein H-Atom durch die Hydroxylgruppe OH ersetzt, dann entsteht

$$C <\!\!\begin{matrix} H \\ H \\ H \\ OH \end{matrix}$$

$CH_3OH$ resp. $C_2H_5OH$, d. h. Methyl- resp. Äthylalkohol. Er- folgt die Substituierung in demselben Sinne weiter, dann er- halten wir

Äthylalkohol.

$$CH_2 <\!\!\begin{matrix} OH \\ O\,H \end{matrix} \quad \text{resp.} \quad C_2H_4 <\!\!\begin{matrix} OH \\ O\,H \end{matrix}$$

Aus diesen Verbindungen wird $H_2O =$ Wasser ausgeschieden, so daß wir folgende Formeln erhalten

$$CH_2O \text{ und } C_2H_4O = \text{Methyl-, Äthylaldehyd.}$$

In derselben Weise erhalten wir

$$C <\!\!\begin{matrix} OH \\ O\,H \\ OH \\ H \end{matrix} \quad \text{und} \quad C_2H_3 \!-\! \begin{matrix} OH \\ O\,H \\ OH \end{matrix}$$

woraus durch $H_2O$-Abspaltung

$$C <\!\!\begin{matrix} OOH \\ H \end{matrix} \quad \text{und} \quad C_2H_3OOH$$

d. h. Forman- (Ameisensäure) und Essigsäure entstehen.

Die letzte Möglichkeit ergibt

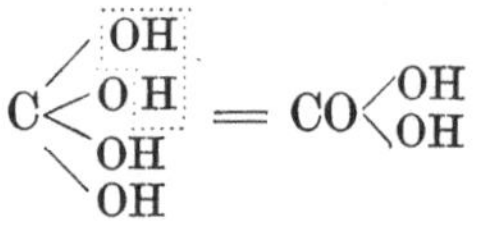

$$C<{\overset{\displaystyle OH}{\underset{\displaystyle OH}{\overset{O\,H}{OH}}}} = CO<{\overset{OH}{OH}} = \text{Kohlensäure}$$

oder

$$C<{\overset{\displaystyle OH}{\underset{\displaystyle O\,H}{\overset{O\,H}{OH}}}} = CO_2 = \text{Kohlensäureanhydrid}.$$

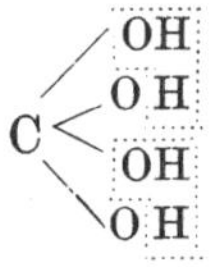

Wenn wir auf die erste OH-Substitutionsreihe — die Alkoholgruppe — zurückgreifen, dann sehen wir, daß die Alkohole mit wenigen C-Atomen medizinisch als Vehikel, Stomachicum und Excitans gebraucht werden.

In größerer Menge wirkt der Äthylalkohol betäubend. Da aber die Vergiftungserscheinungen die einschläfernde Wirkung übertönen, kann er als Narcoticum in der Medizin keine Anwendung finden. Besser eignet sich hierzu ein 3 C-Atome enthaltender Alkohol $(C_2H_5 + CH_3OH = C_3H_8OH) = $ Propylalkohol, als Trichlorisopropylalkohol, der neuerdings unter dem Namen **Isopral** als Narcoticum in die Therapie eingeführt worden ist. Es bildet aromatisch riechende, auf die Geschmacksnerven brennend wirkende Prismen, die in Wasser schwer, in Alkohol leicht löslich sind. Bei gewöhnlicher Temperatur sind die Prismen leicht flüchtig, daher die Verordnung (zu 0,5 bis 1,0 pro dosi — 1 g 35 Pf.) als Tabletten oder in Wachspapier notwendig ist. Isopral teilt das Schicksal vieler neuen Arzneimittel. Zuerst enthusiastisch empfohlen, angeblich ohne jede unangenehme Nebenerscheinung, erweist es sich bald als ebenso deletär wie die übrigen Schlafmittel. Übelkeit, Erbrechen und Benommenheit, Kopfschmerz stellen sich hie und da auch nach Isopral ein. Immerhin kann es mit Vorteil in den Heilschatz aufgenommen werden, da es zuweilen gut wirkt, wo die übrigen Narcotica versagen. Eine spezifisch günstige Wirkung besitzt es nicht.

Die zweite Hydroxylgruppe der Kohlenwasserstoffe, die Aldehyde, haben in der neuern Medizin außerordentliche Bedeutung gefunden, allen voran das einfachste Aldehyd, das Formaldehyd

$$\left( C\!\!\diagdown\!\begin{matrix} HO \\ H\,O \\ H \\ H \end{matrix} = CHOH \right),$$

1868 von A. W. Hofmann entdeckt, in die Therapie aber erst
durch Löws Entdeckung der desinfizierenden Wirkung eingeführt. Formaldehyd ist ein Gas, das von Wasser bis $52\,^0/_0$
absorbiert wird. Derartig konzentrierte Lösungen sind jedoch
nicht gut haltbar, daher die im Handel gebräuchlichen Lösungen
(Formalin genannt) etwa $35\,^0/_0$ des Gases enthalten. Die An-
wendungsart des Formalins ist eine ungemein verschiedene.
Uns Ärzte interessiert vor allem die desinfizierende Wirkung,
die das Gas am stärksten in einer Mischung mit $70\text{—}80\,^0$
heißem Wasserdampf entfaltet. Bei dieser Temperatur werden
Pelze, Leder, Seide und dgl. fast gar nicht geschädigt, während
die widerstandsfähigsten Bakterien und Sporen mit Sicherheit
vernichtet werden. Für den Gebrauch sind die verschiedensten
Apparate konstruiert, deren Prinzip darauf hinausläuft, eine
möglichst leichte Vergasung und Mischung mit Wasserdampf
von der angegebenen Temperatur zu bewirken. Zu desinfizierende Zimmer müssen vollständig dicht vom Luftzutritt
abgeschlossen sein. Türen und Fensterritzen, Schlüssellöcher
und dgl. müssen durch Watte oder Werg verstopft werden.
Zur genügenden Wirkung sind bestimmte Mengen (5 g Formaldehyd auf 1 cbm Luft) mit entsprechender Wirkungsdauer
(7 Stunden) erforderlich. Die Wasserdampfentwicklung muß
völlige Luftsättigung ergeben.

Ein Übelstand der Formalineinwirkung ist der stechende
Geruch, der ein Bewohnen des desinfizierten Raumes für einige
Zeit unmöglich macht. Da Formalin sich leicht mit Ammoniak
verbindet, wird dieses zur schnelleren Entfernung des restierenden Gases nach der Desinfektion benutzt. Diese Eigenschaft im Verein mit der Fähigkeit, auch mit Schwefelwasser-
stoff leicht eine chemische Bindung einzugehen, machen Formalin zu einem ausgezeichneten Desodorierungsmittel in Aborten.
Die desodorierende Wirkung, unterstützt durch sekretions-
hemmenden Einfluß auf die Schweißdrüsen, macht Formalin
zu einem vorzüglichen Mittel gegen übermäßige Schweiße, besonders gegen Fußschweiß. Man wendet hierzu eine einpro-

zentige alkoholische Lösung an, derart, daß die zu behandelnden Stellen mit der Lösung eingerieben werden, oder — bei Fußschweiß — durch fünf bis zehn Minuten lange Fußbäder, wobei zu bedenken ist, daß nur die Fußsohle bis etwa $1—1^1/_2$ cm Höhe der Einwirkung unterworfen zu werden braucht. Die benutzte Flüssigkeit kann wiederholt angewandt werden.

Endlich wird Formalin auch zur Verhütung von Gärung und Fäulnis therapeutisch benutzt, als Milch- und Konservenzusatz.

Einer ausgedehnteren therapeutischen Verwendung des Formalins steht die Unmöglichkeit im Wege, das Mittel in den Magendarmkanal oder auf offene Wunden zu bringen. Um diesem Übelstande abzuhelfen, arbeitete die chemisch-pharmakologische Industrie an der Idee, dem Formaldehyd die erwähnten Schwächen zu nehmen. Man benutzte die Eigentümlichkeit des Präparates, in Stärke — Gelatine — und Eiweißlösungen Niederschläge zu bilden — so entstanden Amyloform, Glutol und Formalbacid —, und gewann auf diese Art desinfizierende Pulver, die als Streupulver zuweilen in der kleinen Chirurgie mit Erfolg zu benutzen sind. Aus diesen festen Verbindungen spaltet sich das desinfizierende Formalin ab. Es bilden sich aber häufig auf der Wunde harte Schorfe, unter denen Sekret retiniert bleiben kann. Zur Lösung dieser mechanisch schwer zu entfernenden Decken werden $5^0/_0$ige Pepsinlösungen, denen man etwa $3^0/_0$ Salzsäure hinzufügt, verwandt.

Seitdem dann ferner die Beobachtung gemacht worden ist, daß Formalin aus geeigneten Verbindungen in den Harnwegen sich abspaltet und auch imstande ist, mit Harnsäure leicht lösliche Verbindungen einzugehen, ist die Zahl der immer neu auftauchenden Formalinderivate Legion. Es kann unmöglich meine Absicht sein, alle erfundenen Kombinationen aufzuführen. Ich muß mich auf die in der Praxis bewährten Präparate beschränken.

Die bedeutungsvollste Verbindung des Formaldehyds ist diejenige mit Ammoniak ($NH_3$). Aus 6 Molekülen Formaldehyd und 4 Molekülen Ammoniak entsteht $6\ CHOH + 4\ NH_3 = (CH_2)_6 N_4 + 6\ H_2O$, eine Verbindung, welche ($CH_2$ = Methylen) Hexamethylentetramin genannt wird (organische Ammoniakverbindungen heißen Amine), gebräuchlich unter dem

Namen Urotropin, ein krystallinisches, in Alkohol schwer, in Wasser leicht lösliches Pulver. Wie oben erwähnt, besitzt Urotropin die Eigenschaft, im uropoetischen Organsystem Formalin abzuspalten. Nach Einnahme von 2 g Urotropin zeigt der Harn stundenlang gärungswidrige Eigenschaft und wirkt hemmend auf das Wachstum der Staphylocokken, während Tbc. und Gonocokken nicht wesentlich beeinflußt werden. Dieser Entdeckung entsprechend hat Urotropin sich als ausgezeichnetes Desinfektionsmittel für die Harnwege bewährt, selbst bei subchronischer Gonorrhöe. Sein Wert steigert sich durch die leichte Darreichungsweise (in Pulvern oder Tabletten à 0,5, drei- bis fünfmal täglich) und relativ geringen Preis (Originalkarton [Schering] mit 20 Tabletten à 0,5 1,10 M.).

Dieser Erfolg der chemisch-pharmakologischen Großindustrie war ein Ansporn zu ungeheuren Spekulationen und Versuchen. Aus dem Meer der unaufhaltsam aufsprießenden Präparate dieser Art seien das Helmitol und Citarin genannt, ersteres eine Verbindung des Urotropins mit Citronensäure, letzteres das Natriumsalz dieser Kombination.

Helmitol.<br>Citarin.

Nach Angabe der Erfinder und einiger Lobredner soll das letztgenannte Mittel die Eigenschaft haben, Formalin bereits im Blute abzuspalten und durch leicht lösliche Verbindungen mit Harnsäure günstig auf gichtische Zustände einzuwirken. Wenn man aber bedenkt, daß durch 6 g Citarin nur etwa ein Fünftel der Harnsäure in leicht lösliche Form zu bringen ist, dann wird man den Erfahrungstatsachen recht geben, die zur Vorsicht bei Beurteilung der therapeutischen Erfolge mahnen.

Helmitol wird in Gaben von 1 g drei- bis viermal täglich verabreicht, wegen seines leicht säuerlichen Geschmackes in Zuckerwasser gern genommen; zuweilen erregt es Leibschmerzen und Durchfälle. Die Indikation ist dieselbe wie bei Urotropin, während Citarin vielfach als Specificum gegen akute Gichtanfälle gerühmt wird. Die Ordination lautet: im Beginn vier- bis fünfmal täglich je 2 g, an den folgenden Tagen dreimal täglich 2 g. Es muß zugestanden werden, daß zuweilen eine günstige Einwirkung in akuten Gichtanfällen erreicht wird.

Wenn man aber bedenkt, daß beim akuten Anfall außer den harnsauren Ablagerungen Vorgänge entzündlicher Art erfolgen, die selbst bei spezifischer Einwirkung auf die harnsauren

Niederschläge z. T. wenigstens bestehen bleiben, dann muß wiederum die Erfahrungstatsache auch theoretisch anerkannt werden, daß die Bezeichnung eines absolut und spezifisch wirkenden Mittels übertrieben ist. Viele Ärzte werden mit mir die Erfahrung gemacht haben, daß Citarin häufig spurlos in der Wirkung bleibt. Auch die immer wieder abgegebene Erklärung, daß Citarin als durchaus harmlos betrachtet werden kann, bedarf der Revision. Ich habe in zwei Fällen Erscheinungen von Schwindel, Herzklopfen und Angstzuständen beobachtet, die beim Fehlen jeder anderen Ordination nur auf das Citarin znrückzuführen waren. Noch sind die Beobachtungen nicht als abgeschlossen zu betrachten. Ich glaube mich zu dem Vorschlag berechtigt zu fühlen, in akuten Gichtanfällen Citarin in der erwähnten Art zu empfehlen, das Mittel aber auszusetzen, wenn unangenehme Nebenerscheinungen eintreten oder der Erfolg bis zum nächsten Tage fehlt. (Originalröhrchen mit 10 Tabl. à 1,0 g kosten 1,35 M.)

Zu denjenigen Formalinkombinationen, welche geringere Bedeutung gefunden haben, gehören die Additionsprodukte des Urotropins Jodoformin (Urotropin und Jodoform), ein gelbliches, leicht bei Anwesenheit von Wasser in seine Komponenten zerfallendes Pulver, und Hetralin (Urotropin und Resorcin), ein gegen Blasenentzündungen empfohlenes Mittel. Zum Schluß sei noch das Lysoform erwähnt, eine durch $2\,^0/_0$ige Formaldehydlösung verflüssigte Schmierseife, die zur Händedesinfektion in $1-3\,^0/_0$iger Lösung gut verwendbar ist.

Die Aldehyde haben sich noch in anderer therapeutischer Beziehung als nützlich erwiesen, so das Paraldehyd (eine Kombination dreier Moleküle Aldehyd) und die Trichlorverbindung des Essigsäurealdehyds, das Chloral und dessen Hydroxylabkömmling, das Chloralhydrat. Die Ableitung der chemischen Konstitution ist folgende:

$$CH_3COOH = \text{Essigsäure},$$
$$CH_3COH = \text{Essigsäurealdehyd},$$
$$CCl_3COH = \text{Chloral}.$$

Das als Schlafmittel gebrauchte Chloral wird in seiner Wertschätzung durch unangenehme Nebenwirkungen beeinträchtigt. Als solche sind die ungünstige Einwirkung auf die Herztätigkeit, die Chloral mit allen Cl-haltigen Schlafmitteln teilt, die schädliche Wirkung auf die Geschmacks- und sensorischen Magennerven zu betrachten. Diesen Übelständen sollte durch chemisch-pharmakologische Studien und Versuche abgeholfen werden. Von den zahlreich empfohlenen Kombinationen haben sich nur wenige Mittel dieser Gruppe die Gunst der Ärzte er- $\quad$ Chloramid. werben können, so vor allen das Chloralamid, eine Verbin- dung des Chlorals mit Formamid ($HCOH$ Formaldehyd $+ NH_3$ $= HCONH_2 =$ Formamid), farb- und geruchlose, schwach bitter schmeckende Kristalle, die in Wasser und Weingeist löslich sind. In Dosen von 1—3 g wirkt es ausgezeichnet und ohne böse Nebenwirkungen hypnotisch (1 g 10 Pf.).

Bewährt hat sich ferner die Verbindung des Chlorals mit Amylenhydrat (chemische Formel siehe später), Dormiol ge- $\quad$ Dormiol. nannt, im Handel als $50^0/_0$ige Lösung gebräuchlich, eine ölige, campherartig riechende und schmeckende Flüssigkeit.

In schleimigen Vehikeln in Dosen von 1—3 g zu ordinieren oder Originalkapseln (25 St. à 0,5 g D. purum 2,00 M.).

Keine Gruppe der neueren Arzneimittel hat die chemische Großindustrie so sehr beschäftigt als die Hypnotica. Aus- gegangen sind die Bestrebungen dieser Art durch Kasts Be- obachtung, daß das von Baumann 1886 dargestellte Sulfonal einen Hund in langen ruhigen Schlaf versetzte. Da dieses Mittel der Ausgangspunkt für eine ganze Gruppe geworden ist, deren Verständnis nur durch die chemische Konstitution mög- lich ist, müssen wir uns die Formel vergegenwärtigen.

$$C\begin{cases}H\\H\\H\\H\end{cases} \quad \text{oder} \quad \begin{matrix}H\\H\end{matrix}>C<\begin{matrix}H\\H\end{matrix}$$



ist Methan. Die H-Atome sind durch alle einwertigen Mole- külgruppen ersetzbar, beim Sulfonal durch 2 $CH_3$ (Methyl) und 2 Äthylsulfon- ($SO_2C_2H_5$) Gruppen. Letztere kommen durch

eine Verbindung der Schwefelsäure $\left(H_2SO_4 = SO_2<\begin{matrix}OH\\OH\end{matrix}\right)$ und

des Äthans ($C_2H_6$) zustande. Das Sulfonal hat mithin die Formel

$$\text{CH}_3 \diagdown \quad \diagup \text{SO}_2\text{C}_2\text{H}_5$$
$$\text{C}$$
$$\text{CH}_3 \diagup \quad \diagdown \text{SO}_2\text{C}_2\text{H}_5 .$$

Wenn die $\text{CH}_3$-Gruppen durch $\text{C}_2\text{H}_5$ ersetzt werden, dann entsteht

Trional.

$$\text{C}_2\text{H}_5 \diagdown \quad \diagup \text{SO}_2\text{C}_2\text{H}_5$$
$$\text{C} \qquad = \text{Trional}$$
$$\text{CH}_3 \diagup \quad \diagdown \text{SO}_2\text{C}_2\text{H}_5$$

und

Tetronal.

$$\text{C}_2\text{H}_5 \diagdown \quad \diagup \text{SO}_2\text{C}_2\text{H}_5$$
$$\text{C} \qquad = \text{Tetronal}.$$
$$\text{C}_2\text{H}_5 \diagup \quad \diagdown \text{SO}_2\text{C}_2\text{H}_5$$

Die hypnotische Wirkung nimmt mit der Anzahl der $\text{C}_2\text{H}_5$-Gruppen (die $\text{SO}_2\text{C}_2\text{H}_5$-Gruppen wirken den $\text{C}_2\text{H}_5$ analog) zu, so daß Sulfonal das schwächste (in Dosen von 1—2 g wirksam) und Tetronal das intensivste Mittel (0,5—1,0) dieser Gruppe ist. Da sie in kalter Flüssigkeit sehr schwer löslich sind, werden sie am besten in heißem Tee verabfolgt. Bekannt ist die häufiger beobachtete Hämatoporphyrinurie, d. h. Auftreten eines eisenfreien Derivates des Blutfarbstoffes im Urin.

In dem Aufbau der chemischen Formel ähnlich ist das

Amylenhydrat.

Amylenhydrat

$$\text{CH}_3 \diagdown$$
$$\text{CH}_3 - \text{C} - \text{OH} \quad (\text{Dimethyläthyl-Carbinol}).$$
$$\text{C}_2\text{H}_5 \diagup$$

Das Präparat ist eine campherartig riechende Flüssigkeit von unangenehmem brennendem Geschmack, daher die Verordnung (2—4,0 g) in schleimigen Vehikeln als Klysma.

Urethane.

Eine andere Gruppe der Hypnotica geht von dem Urethan aus, einem Abkömmling der Kohlensäure. Die chemische Ableitung ist folgende

$$\text{CO} \diagdown \begin{array}{l} ^{\diagup \text{OH}} \\ _{\diagdown \text{OH}} \end{array} \quad = \text{Kohlensäure},$$

$$\text{CO} \diagdown \begin{array}{l} ^{\diagup \text{OH}} \\ _{\diagdown \text{NH}_2} \end{array} \quad = \text{Carbaminsäure},$$

Äthylurethan.

$$\text{CO} \diagdown \begin{array}{l} ^{\diagup \text{OC}_2\text{H}_5} \\ _{\diagdown \text{NH}_2} \end{array} \quad = \text{Äthylurethan},$$

kurz Urethan genannt.

Dieses als Schlafmittel früher empfohlen, ist durch die Sulfonalgruppe vollständig verdrängt worden.

Besser bewährt hat sich ein Abkömmling des Urethans, die Verbindung desselben mit Methylpropylcarbinol, Hedonal genannt. Die notwendig große (2 g), in Wasser sehr schlecht lösliche Pulvermenge erschwert das Einnehmen. Als leichtes Hypnoticum zuweilen mit Erfolg verwendbar (Originalrohr 10 Tabl. à 1 g 1,85 M.).   *Hedonal.*

Zu dieser Gruppe gehört auch ein Schlafmittel, das durch seine vorzügliche Wirkung und seltene Nebenwirkungen alle anderen Schlafmittel verdrängt hat, das Veronal, chemisch Diäthyl-Malonylharnstoff   *Veronal.*

$$C_2H_5 \diagdown \atop C_2H_5 \diagup C \diagup{CO-HN} \diagdown \atop \diagdown CO-HN \diagup CO.$$

Diese scheinbar komplizierte Formel ist leicht zu entwirren.

$$O \mathbin{<} C \diagup{OH} \diagdown NH_2$$

ist, wie oben dargestellt, Carbaminsäure,

$$O \mathbin{<} C \diagup{NH_2} \diagdown NH_2$$

ist Harnstoff, in Verbindung mit

$$C_2H_5 \diagdown \atop C_2H_5 \diagup C \diagup{COOH} \diagdown COOH = \text{Malonsäure}$$

ergibt sich ohne weiteres die Veronalformel.

Da Veronal in heißen Flüssigkeiten gut löslich ist, verordnet man es zweckmäßig in heißem Baldrian- oder Pfefferminztee (0,5) (Originalröhrchen mit 10 Tabl. à 0,5 2 M.).

Die ungemein günstigen Berichte über Veronal hatten die natürliche Folge, das gesetzlich geschützte Präparat durch ein anderes zu ersetzen. Der Weg der Forschung war gegeben. Man mußte an den vieratomigen Kohlenstoffkern außer den hypnotisch wirkenden $C_2H_5$-Gruppen andere Moleküle heranbringen und die Wirkung der so entstandenen Körper durch Versuche an Tieren feststellen. Diesem Versuchswege verdankt das Neuronal sein Dasein. Die Formel lautet   *Neuronal.*

$$C_2H_5 \diagdown \atop C_2H_5 \diagup C \diagup{Br} \diagdown CONH_2 = \text{Diäthyl-Brom-Acetamid.}$$

Durch Brom hoffte man die hypnotische Wirkung zu erhöhen. Neuronal (ein aromatisch bitter schmeckendes Pulver, in Dosen von 0,5—1,0 gebräuchlich) ist ein mittelschweres Schlafmittel, ohne böse Nebenwirkungen, an Zuverlässigkeit und Wirkungsbreite dem Veronal nicht gewachsen. Beeinträchtigt wird der Wert des Mittels noch durch die Eigenschaft, in kaltem Wasser schwer löslich zu sein, in heißer Flüssigkeit sich leicht zu zersetzen.

Wenn wir nun von den zentral wirkenden Anästheticis zu den lokal wirkenden übergehen, so begegnet uns das bekannte Äthylchlorid, eine wasserhelle, bei 12,5° verflüchtigende Flüssigkeit, die in Behältern aufbewahrt wird, welche durch die verschiedenartigsten Ventile verschlossen sind. Wenn durch die Wärme der Hand Äthylchlorid verdunstet, treibt das entstandene Gas die Flüssigkeit in feinem Strahl durch das geöffnete Ventil auf die zu anästhesierende Körperstelle. Die zur Verdunstung des Äthylchlorids nötige Wärme wird der Körperstelle entzogen, die stark abgekühlt und in der Empfindlichkeit herabgesetzt wird. Die ungemein leichte Entzündlichkeit des Mittels gebietet strengste Vorsicht gegen Explosionsgefahr.

## II. Die anästhetisch wirkenden Abkömmlinge des Benzolringes.

Bevor wir nun zu der sehr wichtigen Gruppe der übrigen lokalen Anästhetica, dem Cocain und seiner Ersatzmittel, übergehen, müssen wir uns wieder einige chemische Daten in die Erinnerung bringen.

Die allerwichtigste chemische Grundformel, aus der sich eine Unzahl chemischer Existenzen ableitet, ist der Benzolring,

$$
\begin{array}{ccc}
 & CH & \\
CH & & CH \\
CH & & CH \\
 & CH &
\end{array}
$$

d. h. ein Sechseck, das an seinen Schnittpunkten je eine CH-Verbindung besitzt. Jedes der H-Atome kann nun wieder durch eine Hydroxylgruppe (OH), Säureradikal (COOH), Amidogruppe ($NH_2$) usw. ersetzt werden, und zwar in ein- bis sechsfacher Variation. Durch OH-Substitution entsteht [COH-Benzolring] (an jeder anderen Ecke ein CH gedacht) Oxybenzol oder Phenol, durch zweifache Hydroxylierung entstehen mehrere Möglichkeiten. Es ist einleuchtend, daß das zweite Hydroxyl neben dem ersten (OH / OH) oder weiter unten (OH / OH) oder schließlich ganz unten, dem ersten diametral entgegengesetzt stehen kann. Jede dieser Möglichkeiten ergibt chemisch völlig verschiedene Körper. [OH / OH] ist Brenzcatechin, während [OH / OH] Resorcin ist. Komplizierter werden die Verhältnisse dadurch, daß man durch Einfügung eines N- statt C-Atomes einen ganz neuen Grundkern, den Pyridinring [N-Ring] gewinnt, der seinerseits der Ausgangspunkt zahlloser Kombinationen ist. Bedenkt man nun, daß zwei oder drei Benzolringe oder Pyridinringe sich zu neuen Individuen aneinander lagern, dann erweist sich die schier unübersehbare Reihe der Möglichkeiten.

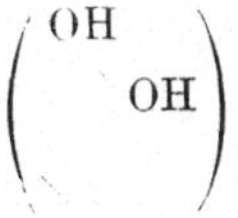

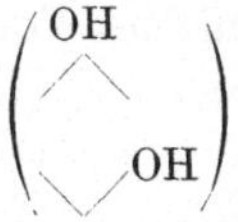

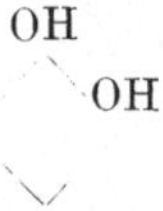

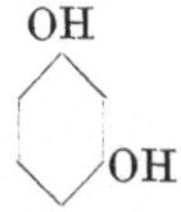

Das bedeutungsvollste Mittel dieser Gruppe ist das Cocain, dessen komplizierte chemische Formel für das Verständnis der Ersatzmittel nicht erforderlich ist. Nur so viel sei erwähnt, daß zur Gewinnung eines dem Cocain ähnlichen Mittels vorhanden sein müssen:

1. ein stickstoffhaltiger Kern,
2. eine an Stelle des Wasserstoffes einer OH-Gruppe eintretende Benzoylgruppe (Radikal der Benzoesäure [COOH-Benzolring])

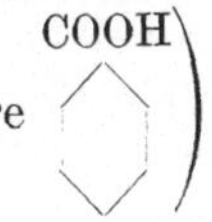

und

3. die Gruppe COOR (Alkoholradikal).

Die Forschungen nach einem vollgültigen Ersatzmittel des Cocains waren um so eher angebracht, als dem Cocain sehr erhebliche Mängel anhaften. Es ist giftig, läßt sich nicht sterilisieren, da es sich beim Erhitzen zersetzt und hat einen sehr hohen Preis.

Das erste Ersatzpräparat, das im Handel erschien, war **Eucain A.** das Eucain A, das chemisch also die obenerwähnten drei Bedingungen erfüllen mußte.

Die chemische Formel ist

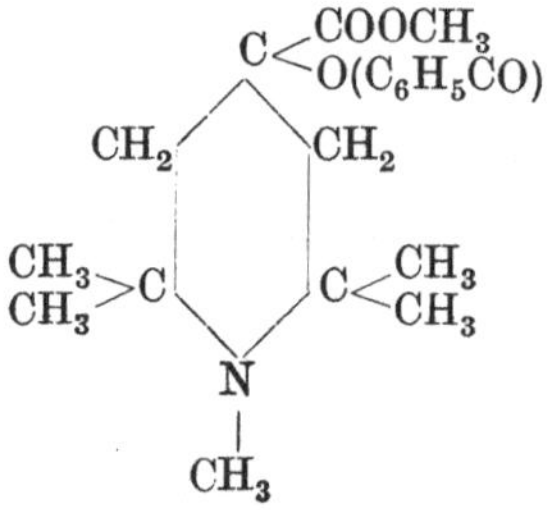

$$C<\begin{matrix}COOCH_3\\O(C_6H_5CO)\end{matrix}$$

Die Entzifferung der Formel ist nicht so schwierig.

Folgende Nomenklatur muß vorausgeschickt werden:

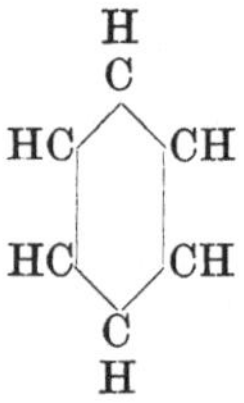

Benzol 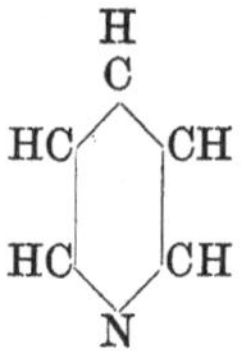          Pyridin 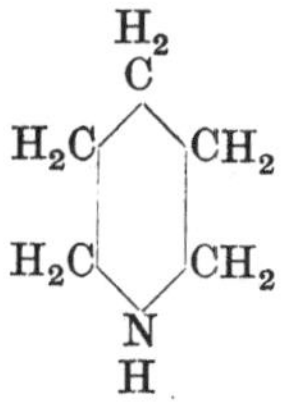          Piperidin 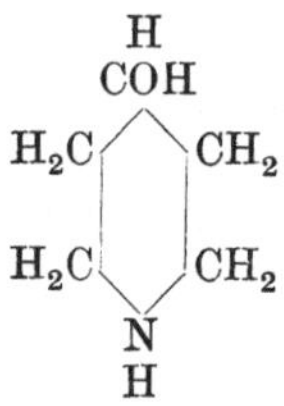          $\gamma$-Oxypiperidin

Wenn wir nun die letzte Formel zum Ausgang nehmen, dann erkennen wir, daß aus ihr das Eucain A abzuleiten ist, wenn wir Methylgruppen, den Rest der Benzoesäure ($C_6H_5COOH$) und die Gruppe $COOCH_3$ einfügen. Das Eucain A ist chemisch also

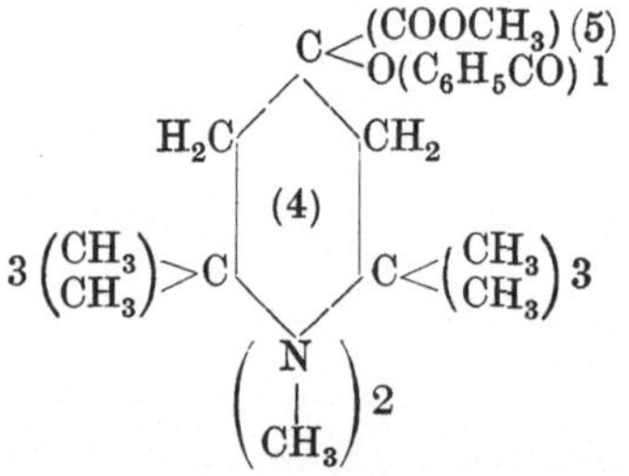

Benzoyl (1), N-Methyl (2) Tetramethyl (3), $\gamma$-Oxypiperidin (4),

Carbonsäuremethylester (5).  Man kann also ohne große Übung die Formel ablesen.

Das Eucain A hat den großen Vorzug, daß es, ohne sich zu zersetzen, sterilisiert werden kann.  Seiner Verwendbarkeit steht aber die üble Eigenschaft im Wege, daß es auf Schleimhäute leicht ätzend, daher stark brennend wirkt.  Diesem Übelstande sollte durch die Entdeckung des Eucain B abgeholfen werden, das sich vom Eucain A durch geringe Änderung der Formel unterscheidet.

$$\begin{array}{c} H \\ CO(C_6H_5CO) \\ H_2C \diagup \quad \diagdown CH_2 \\ \\ \underset{CH_3}{\overset{CH_3}{>}}C\diagdown \quad \diagup CHCH_3 \\ NH \cdot HCl \end{array}$$

Während Eucain A nur noch theoretisches Interesse besitzt, ist Eucain B nach seiner Entdeckung vielfach gebraucht worden, zuerst natürlich mit großem Enthusiasmus.  Es teilte das Schicksal der meisten neueren Arzneimittel, die zuerst immer nur in guten Eigenschaften erkannt werden, während die Praxis dann dis bösen Erfahrungen bringt.  Die Vorzüge des Eucain B sind die Sterilisierbarkeit, der geringere Preis und angeblich geringere Giftigkeit.  Es hat sich aber neben dem Cocain und anderen Präparaten nicht halten können.  Der größte Nachteil ist die unzuverlässige, häufig gefäßerweiternde und schleimhautreizende Wirkung.  In $0{,}1-0{,}5\,^0/_0$igen Lösungen unter Zusatz von $0{,}8\,^0/_0$ NaCl verwandt (1 g 70 Pf.).

Hier bedarf auch ein Mittel der Erwähnung, welches bei ähnlicher Konstitution eine andersartige Wirkung entfaltet, das Euphthalminum hydrochlor.  Es ist ein starkes Mydriaticum ohne wesentliche Beeinflussung der Akkomodation und des Augendruckes.  Sein hoher Preis (1 g 5,50 M.) steht der Verbreitung des Mittels hindernd im Wege.

Weit mehr Bedeutung gewannen lokale Anaesthetica, welche aus einem andern Kern gewonnen wurden.  Man machte nämlich die Beobachtung, daß die Alkylverbindungen ($CH_3$, $C_2H_5$ usw.) der aromatischen Amido- und Oxyamidosäuren

lokalanästhetische Wirkung entfalten.

Der erste Körper dieser Gruppe ist der Amido (1), Oxy-benzoesäure (2, 3), Methylester (4),

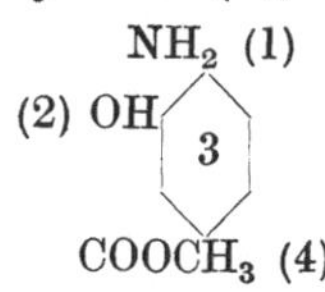

Orthoform. Orthoform genannt. Orthoform neu unterscheidet sich nur durch Umstellungen der OH- und $NH_2$-Gruppen,

Beide Präparate sind in der Wirkung gleich, Orthoform neu ist billiger (1 g 30 Pf.). Da sie in Wasser unlöslich sind (amorphes, stark hygroskopisches Pulver, daher in Carta cerat. oder gut verschlossenen Gefäßen zu verschreiben), ist ihre Anwendung sehr begrenzt, um so mehr, als sie nur auf frei-liegende Nervenendigungen bei Ulcerationen einwirken. Früher als durchaus harmlos gepriesen, sind jetzt viele Fälle von Gangraen und Vergiftungen nach Orthoformgebrauch veröffent-licht, so daß von vielen Seiten das Mittel völlig vermieden wird. Ich selbst habe nach Orthoformgebrauch ausgedehnte Nekrose gesehen.

In Verbindung mit dem die hygroskopische Eigenschaft paralysierenden Dermatol ist es aber zuweilen bei Kehlkopf-ulceration, Schmerzen infolge eines Ulcus Ventr. oder Carc. ventr. verwendbar (à 0,2—0,5).

Erwähnt mag noch werden, daß die HCl-Salze zwar in Wasser leicht löslich, zu subcutanen Injektionen aber wegen ihrer sauren Reaktion unbrauchbar sind.

Daß an der Orthoformformel nach allen Richtungen hin Änderungsversuche gemacht worden sind, ist selbstverständlich.

Anästhesin. So entstand zunächst das Anästhesin

$COOC_2H_5$

$\phantom{COOC_2H_5}$ = Amido (1), Benzoesäureäthylester.

$NH_2$ (1)

Es teilt mit dem Orthoform die fast völlige Unlöslichkeit in Wasser, unterscheidet sich aber vorteilhaft durch die anästhesierende Wirkung auf unverletzte Schleimhaut und seine bisher wenigstens behauptete Ungiftigkeit (1 g 20 Pf.).

In dieselbe chemische Kategorie gehören noch eine Reihe von Anaestheticis, die alle von ihren Erfindern und Händlern mit mehr oder weniger Berechtigung laut gepriesen wurden. Hierzu gehört das Nirvanin, leicht lösliche Krystalle bildend, bis 0,5! anwendbar. Das Urteil über den Wert des Mittels ist noch widersprechend. Von mehreren Seiten wird ernstlich vor dem Gebrauche gewarnt. Weit giftiger ist das Holocain, das nur zu Einträufelungen in den Bindehautsack gebraucht wird (in 1 $^0/_0$ iger Lösung, 1 g 65 Pf.). Weniger giftig ist das Acoin, das aber stark ätzend wirkt. Eine relativ große Rolle hat das Stovain gespielt, das zur Bierschen Lumbalananästhesierung eine Zeitlang vorwiegend gebraucht worden ist und noch gebraucht wird (0,04 mit Adrenelinzusatz). Seine angeblich geringere Giftigkeit als Cocain ($^1/_3$) wird ausgeglichen durch seine geringere Wirkungskraft. Zur Lokalinjektion ist es wegen seiner sauren Reaktion unbrauchbar. Durch immer zahlreichere Veröffentlichungen von Vergiftungen bis zum Exitus ist die Begeisterung für das Mittel gemildert. Vorzug verdient auch nicht das chemisch sehr verwandte Alypin, während zurzeit das Novocain die meisten Anhänger besitzt, ein gleichfalls der Orthoformgruppe zugehöriger Körper. Es ist sterilisierbar, angeblich $^1/_{10}$ so giftig wie Cocain bei nahezu gleicher Wirkung und relativ billig (1 g in Pulverform 70 Pf.). Zur Leitungsanästhesie pur. ungeeignet wegen der geringen Wirkungsdauer, die durch Adrenalinzusatz wesentlich verlängert wird. Im Handel existiert steril und gebrauchsfertig Novocain in Pulverform, Novocain-Suprarenin-Tabletten zur Infiltrations-, zur Leitungs-, zur Rückenmarksanästhesie; dann Tabletten für zahnärztliche Zwecke verschiedener Art und schließlich Novocain-Supraren. — Kochsalzlösungen für die angegebenen Zwecke. Zu erwähnen ist schließlich noch das Tropacocain. hydrochloricum, das neben dem Cocain in den Cocablättern vorhanden ist, aber auch synthetisch dargestellt wird. Sein hoher Preis (1 g 5,60 M.) trübt seinen sonst hocheingeschätzten Wert. Es ist angeblich $^1/_4$ bis $^1/_3$ so giftig wie Cocain.

Überblicken wir nochmals die erwähnten Ersatzmittel für Cocain, dann müssen wir zu der Erkenntnis kommen, daß ein vollwertiges Ersatzpräparat bisher noch nicht gefunden ist. Augenblicklich erfreuen sich das Novocain, das Tropacocain und das Stovain der meisten Wertschätzung seitens der Ärzte. Wenn wir aber berücksichtigen, daß ein Mittel nach dem andern als weit gefährlicher wie ursprünglich angenommen, erkannt worden ist, dann ist der Ausspruch berechtigt, daß unsere Erfahrungen auf diesem Gebiete ein abschließendes Urteil nicht erlauben. Noch erfreut sich, und zwar wegen der bekannten Wirkungsbreite und Nebenwirkungen, das Cocain mit Recht in den meisten Fällen des größten Vertrauens.

## III. Antiseptica aus organischen Verbindungen der Schwermetalle und des Jods.

Auf den bisherigen Gang unserer Betrachtungen war die chemische Formel der besprochenen Mittel von entscheidendem Einfluß, weil wir auf Basis dieser chemischen Daten die Beurteilung und Bewertung der wichtigsten neueren Arzneimittel begründen wollten. Mit fortschreitender Kenntnis dieser notwendigen Grundlagen sind wir in der Aufstellung der zu besprechenden Arzneimittelgruppen unabhängiger geworden. Immerhin werden wir, unserer bisherigen Praxis getreu, diejenige Klasse der Arzneimittel zur Besprechung wählen, welche vermöge ihrer einfachen chemischen Konstitution dem pharmakotherapeutischen Verständnis die geringsten Schwierigkeiten bietet, nämlich die Gruppe der Antiseptica.

Wenn wir außer den chlor- und jodhaltigen und aromatischen Antisepticis auch die Antiphthysica, die Salicylsäurederivate und die Gerbsäureverbindungen dieser Rubrik einverleiben wollen, dann müssen wir uns klar werden, was unter einem Antisepticum zu verstehen ist. Wir wollen durch Anwendung eines Antizymoticums nicht nur die Bakterienleiber direkt zum Absterben bringen, sondern vor allem ihren Nährboden durch Antifermentativa so beeinflussen, daß die Bakterien nicht mehr existieren können. Zum Verständnis der antibakteriellen Wirkung kann es keine bessere Erläuterung geben, als sie Hugo Schulz in seiner Pharmakotherapie gewählt hat.

„Gesetzt, ein Landwirt macht die unerfreuliche Entdeckung, daß eine seiner vorher besten Wiesen anfängt, Moorwachstum zu zeigen. Kümmert er sich nicht weiter darum, so wird er nach einer weiteren Zeit sehen, daß zu der angeführten, mittlerweile allerdings weiter ausgedehnten Moorflora sich noch allerlei andere Pflanzenarten gesellt haben, die auf diese gute Wiese nicht hingehören. Der frühere Grasbestand ist durch die eingedrungenen Fremdlinge bedenklich reduziert, die Wiese selbst, wie man zu sagen pflegt, sauer geworden. Der gewöhnlichste Grund einer solchen Erscheinung ist die durch ungenügende Entwässerung bedingte Verschlechterung des Bodens. Er nimmt dadurch andere Eigenschaften an, wie er eigentlich haben sollte, und wird dadurch geeignet zum Nährboden für fremdartige organische Gebilde. Sind diese erst einmal da, so wuchern sie weiter und ersticken das früher vorhanden gewesene, gute Weidegras. Was ist nun in einem solchen Falle zu tun? Der Besitzer der Wiese konnte, wenn er wollte, gleich oder später sich daran machen, das Moor und anderes Unkraut ausraufen zu lassen, dann entfernte er aber die Folge, nicht die Ursache, und da diese weiter nicht berücksichtigt wurde, mußte sich eines schönen Tages zeigen, daß das Ausraufen nicht geholfen und neues Unkraut wieder sich entwickelt hatte. In diesem Falle zeigte sich, daß die Behandlung eines Folgezustandes, selbst wenn sie in energischer Weise durchgeführt wird, nicht zum Ziele führt, wenn das Grundleiden außer acht gelassen wird. Ganz andere Erfahrungen macht dahingegen der Wiesenbesitzer, wenn er sich entschließt, die Sache beim richtigen Ende anzufassen und durch geschickte Drainierung z. B. der eingerissenen Versumpfung entgegentritt. Er wird bald bemerken, daß die Ansiedlungen von Unkräutern von selbst allmählich zurückgehen und schwinden. Der ihnen bis dahin liebgewordene Nährboden sagt ihnen nicht mehr zu, sie finden ihre Existenzbedingungen in ihm nicht mehr und sind damit zum Aussterben verurteilt, wohingegen die ursprünglich vorhandene Grasnarbe sich wieder kräftig entwickeln kann.“

Zu denjenigen Mitteln, welche durch ungünstige Beeinflussung des Nährbodens antiseptisch wirken, gehören alle Säuren, da die Bakterien, wie die Erfahrung lehrt, in saurem Nährboden zugrunde gehen. Am meisten gebräuchlich ist aus dieser Kategorie die Essigsäure als Tonerdeverbindung. Antifermentativ wirken ferner der Alkohol und Glycerin infolge ihrer wasseranziehenden Eigenschaft. Die Aldehyde gehören gleichfalls hierzu, vor allem das bereits besprochene Formaldehyd.

Große Bedeutung haben chlor- und jodhaltige Antiseptica gewonnen, deren Wirkung dadurch zu erklären ist, daß freiwerdendes Chlor und Jod die Bakterien resp. deren Nährboden vernichten. Das Chlorwasser, ebenso chlorsaures Kali, wirkt so lange antiseptisch, als freies Chlor enthalten ist. Sobald dieses gebunden ist, hört die antiseptische Wirkung auf. Weit größern Wert haben diejenigen Präparate gewonnen, in denen das Chlor oder Jod fester gebunden ist, so daß die allmählich erfolgende Abspaltung der Halogene eine längere Desinfektionsdauer ermöglicht. Hierzu gehört vor allem das Sublimat ($HgCl_2$), welches bei Gegenwart von Chloriden, die in keinem Gewebe fehlen, und gleichzeitiger Anwesenheit organischer Materie Cl abgibt, dadurch zu HgCl (Calomel) reduziert wird, das sich aber sofort wieder zu Sublimat ergänzt. Auf diese Weise entsteht eine lebhafte Chlorbewegung, die so lange erfolgt, als noch Chloride und lebende Materie vorhanden sind.

Im Sublimat wirkt außer dem Cl auch das Hg wie die meisten Schwermetalle antizymotisch. Es haften dem Quecksilber aber so erhebliche Mängel an, daß das Verlangen nach besseren Ersatzmitteln wohl berechtigt war. Wie gewöhnlich hat sich aber die chemische Großindustrie dieser Aufgabe mit solchem Geschäftseifer angenommen, daß mehr die Industrie als die ärztliche Kunst und Wissenschaft Anteil an den Erfolgen hat.

Das Sublimat ist giftig, wirkt ätzend und fällend auf Eiweißstoffe, daher die erschwerte interne und unmögliche subcutane Einverleibung. Außerdem werden metallische Instrumente durch das Mittel angegriffen. Diesen anerkannten Übelständen sollten zahlreiche Ersatzpräparate abhelfen, aus denen wir zur Vermeidung einer verwirrenden Fülle nur wenige herausgreifen wollen.

Das Quecksilberoxycyanid ($HgO \cdot Hg(CN)_2$) hat zwar den Vorteil, daß es weniger ätzend wirkt, in heißer Flüssigkeit sich leichter löst, auch die Instrumente weniger angreift, aber die desinfizierende Kraft hat den ursprünglich verkündeten Mitteilungen nicht entsprochen. Zu Wundwaschungen werden $^1/_5$—$^1/_2\,^0/_{00}$ige Lösungen, zu subcutanen Injektionen $1,25\,^0/_0$ige Lösungen (pro dosi eine Spritze) gebraucht. (1 g 10 Pf.)

Dann hat man das allgemein übliche Verfahren angewandt, die Schwermetalle an organische Säuren zu binden. So entstanden Quecksilberverbindungen der Benzoe-, Salicyl-, Bernstein- und Gerbsäure. Am gebräuchlichsten ist das Hydrargyrum salicylicum geworden, weißes, in Wasser unlösliches Pulver, welches (1,0:10,0 Paraffin liqu.) zu intramusculärer Injektion gebraucht wird. Erwähnt sei ferner das Hydrargyrum formamidatum solutum, alkalisch reagierend, nicht ätzend und Eiweis nicht fällend. Hydrargyrum sulfur. aethylendiaminatum, (Im Äthylen sind die C-Atome doppelt gebunden

$$C<{}^H_H$$
$$\|$$
$$C<{}^H_H$$

$3\,HgSO_4 + 8\,C_2H_4$ (Äthylen) $(NH_2)_2)$, Sublamin genannt, hat den Vorzug, selbst in $2\,^0/_0$iger Lösung die Hände nicht anzugreifen und mit Novocain, das mit Sublamin klare, mehrere Tage haltbare Lösungen ergiebt, schmerzlose intramusculäre Injektionen zu ermöglichen. Über seine Wirkung im Verhältnis zum Sublimat gehen die Ansichten noch auseinander. Im allgemeinen glaubt man, daß 2 Teile Sublamin etwa 1 Teil Sublimat an Wirkung entsprechen. Die empfohlene Ordination ist Sublamin 1,7, Aquae dest., ad 50,0, coque, refrigera, adde Novocain Höchst 0,75 D. in vitro fusco ampl.

Dasselbe Schicksal wie Hg haben auch die Schwermetalle Silber (Ag) und Wismuth (Bi) gehabt. Ihre mit Mängeln behafteten anorganischen Verbindungen sind durch „moderne‘, organische ersetzt worden, häufig mit Glück. Namentlich mit dem Silber sind zahllose Experimente gemacht worden, um das infolge seiner Ätzwirkung und leichten Fällbarkeit durch Chloride und Eiweißkörper in seiner Wirkungsbreite beeinträchtigte salpetersaure Silbersalz zu übertreffen. Allen organischen Silberverbindungen, deren Vorzug die leichte Lösbarkeit und indifferente Einwirkung auf Eiweiß ist, haftet gerade infolge dieses Vorzuges die mangelnde, therapeutisch häufig erforderliche adstringierende Einwirkung an. Im akuten Entzündungszustand häufig entschieden wertvoll, sind sie bei chronischen Entzündungen fast wirkungslos. Infolge dieser Eigenschaft müssen bei akuten Eiterungen im Anschluß an die organischen Silberverbindungen noch besondere adstringierende Mittel gebraucht werden.

Silberverbindungen mit organischen Säuren.
Nach den vorangegangenen Darlegungen erscheint es als selbstverständlich, daß zunächst die Silberverbindungen mit organischen Säuren in ihrer Wirkung versucht wurden. Aus dieser Gruppe haben sich das citronensaure Silber (Itrol) und milchsaure Silber (Actol) eine Zeitlang in der Praxis behauptet. Die geringe Löslichkeit des ersteren in Wasser, die ätzende Eigenschaft des letzteren haben diese Mittel, namentlich nach der Erfindung besserer, bald verdrängt. Dasselbe Schicksal teilt das essigsaure Silber (Arg. aceticum).

Argentaminum liquidum.
Eine dem Sublamin entsprechende Silberverbindung, eine Lösung von Silberphosphat in Äthylendiamin, das Argentaminum liquidum, ist gleichfalls wegen seiner ungemein ätzenden Eigenschaft in seiner Wirkungssphäre begrenzt.

Silberverbindungen mit Eiweiß und Leim.
Wesentlich bessere Aufnahme fand der sich von selbst ergebende Versuch, Silber mit Leim und Eiweiß in Verbindung zu bringen, und namentlich der letztere Weg führte zu ergiebigen Quellen. Es gibt wohl keine Eiweißart, die nicht zu Silberverbindungen herhalten mußte. Immerhin muß anerkannt werden, daß die Pharmakotherapie diesen Versuchen bemerkenswerte Bereicherungen verdankt, besonders im Kampfe gegen die Gonorrhöe.

Die Silberleimverbindung, das Albargol oder Albargin ($10\,^0/_0$ Ag enthaltend), ist ein weißliches, sehr leicht lösliches Pulver. Es wird in steigender Konzentration von $0,1—1\,^0/_0$iger Lösung gebraucht.

Aus der verwirrenden Zahl der Silber-Eiweißverbindungen seien nur einige erwähnt, die sich nach jetzt jahrelanger Erfahrung als durchaus brauchbar bewährt haben.

Argonin.
Eine Casein-Alkaliverbindung des Silbers ist das Argonin, das zu nur $4\,^0/_0$ in kaltem Wasser schwer, in heißem leichter löslich ist. Das Argonin L ist dagegen auch im kalten Wasser

leichter, und zwar bis $10^0/_0$ löslich. Da Cocain hydrochlor, ebenso wie die Eucaine, Nirvanin und die Schwermetalle zu Niederschlägen Veranlassung geben, sind diese Mittel bei Argoninverordnung zu vermeiden (gebraucht wird es in $^1/_2$—$3^0/_0$igen Lösungen, 1 g Arg. 15 Pf., 1 g Arg. neu 30 Pf.).

Besser als das Largin (Protalbinsilber) ist das als beste organische Silberverbindung erprobte Protargol, eine Verbindung von Peptonsilber mit Protalbumose. Es wird so dargestellt, daß das aus einer Lösung von Silbernitrat mit Peptonlösung ausgefällte Silberpeptonid mit Protalbumose in Lösung gebracht und im Vakuum abgedampft wird. Protargol ($8^0/_0$ Arg. enthaltend) ist ein gelbliches, in Wasser leicht lösliches Pulver. Zur Herstellung der Lösung darf nicht heißes Wasser gebraucht werden, da leicht ebenso wie beim längeren Bestehen der Lösung eine Oxydation der Proteide erfolgt, die eine beträchtliche Reizwirkung auf die Schleimhaut entfalten. Daher empfiehlt sich die Verordnung recenter et frigide parandum! Ad vitr. nigrum! Bemerkt mag noch werden, daß frische Wäscheflecken mit Seifenwasser und Salmiak, alte mit unterschwefligsaurem Natron unter Zusatz von Chlorammonium entfernt werden können.

Angewandt wird Protargol in $^1/_2$—$1^1/_2$ $^0/_0$igen Lösungen. (1 g 35 Pf., 10 g 2,60 M.).

Kaum mehr als historisches Interesse besitzt das Argentum colloidale solubile oder Collargol, eine in Wasser und eiweißhaltigen Flüssigkeiten lösliche Modifikation des metallischen Silbers. Das gleiche Schicksal teilt die aus Collargol hergestellte Crédésche Salbe.

Das Wismuth sehen wir demselben Schicksal wie das Ag unterworfen. Von den mehr oder weniger glücklich erfolgten organischen Kombinationen haben sich drei Gruppen als brauchbar erwiesen: 1. Die Bi-Verbindungen mit organischen Säuren, 2. die Phenolverbindungen, 3. die Bi-Eiweißanlagerungen.

Aus der ersten Gruppe hat das Bi-Salicylicum die Eigenschaft, daß es bereits im Magen zu Salicylsäure und Bi zerfällt.

Weit mehr Bedeutung hat das Bi-Subgallicum gefunden, das unter dem Namen Dermatol sich eine dauernde Stellung in der Pharmakapöe erworben hat. Die chemische Formel ist (Bi ist dreiwertig)

$$(\mathrm{C_6H_2(OH)_3COOH})\ \text{Gallussäure—Bi}\big\langle{\small\begin{array}{l}\mathrm{OH}\\ \mathrm{OH}\end{array}}.$$

Zur Orientierung sei folgende Formelreihe angeführt.

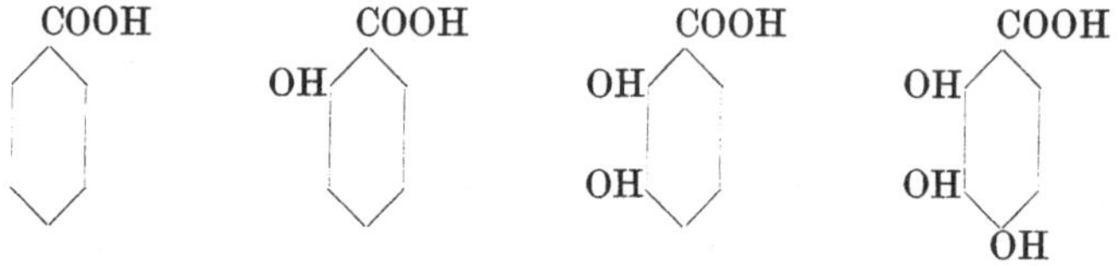

$$\underset{\text{Benzoesäure}}{\mathrm{COOH}}\qquad \underset{\text{Salicylsäure}}{\mathrm{COOH}}\qquad \underset{\text{Dioxybenzoesäure}}{\mathrm{COOH}}\qquad \underset{\text{Gallussäure}}{\mathrm{COOH}}$$

Benzoesäure     Salicylsäure  Dioxybenzoesäure  Gallussäure
(Oxybenzoesäure).

Dermatol ist ein gelbes, amorphes, in Wasser, Alkohol und Säuren unlösliches Pulver (lösliche Bi-Salze sind giftig, daher unbrauchbar), welches die austrocknenden, Ulcerationen schützend hüllenden Eigenschaften des Bi mit der desinfizierenden und vor allem adstringierenden Wirkung der Gallussäure vereinigt. Dieser glücklichen Kombination verdankt es seine äußerliche Anwendung als Wund- und Streupulver und die interne Verabfolgung als Darmadstringens und -antisepticum.

Bi-Phenol-
verbindungen. Die zweite Möglichkeit, die Unterbringung des Bi in einen Phenolring, hat seine Lösung in dem Tribromphenol-Bismut,

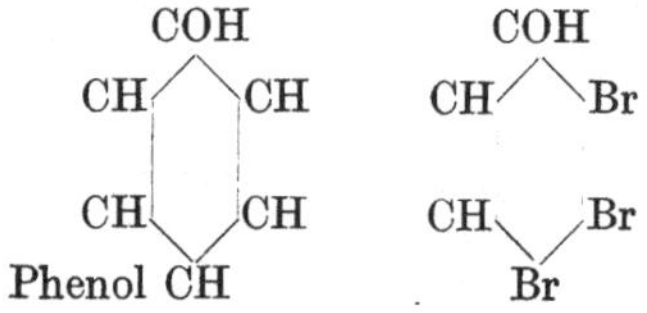

$$\underset{\text{Phenol}}{\text{COH}}\qquad \underset{\text{Br}}{\text{COH}} \;=\; \text{Tribromphenol,}$$

das als Xeroform, ein gelbliches unlösliches Pulver, in die Therapie in gleichwertiger Bedeutung mit Dermatol eingeführt worden ist. Es spaltet sich unter dem Einfluß der Körpersäfte langsam in Bi- und Tribrom-Phenol, das zwar giftig aber in seiner langsamen Abspaltung ungefährlich ist und durch seine leicht ätzende Eigenschaft die Granulationsbildung befördert (1 g 15 Pf.). Das Bi-Betanaphtholicum, Orphol genannt, hat vor Dermatol und Xeroform keinerlei Vorzüge. Natürlich fehlt auch nicht die Bi-Eiweißverbindung, Bismutose, als brauchbares, langsam Bi abspaltendes antidiarrhoisches Pulver, namentlich in der Kinderpraxis (messerspitzweise) verwandt.

Bi-Eiweiß-
verbindung.

ganische Jod-
verbindungen. Eine besondere Besprechung verdient noch der erfolgreiche

Versuch, Jod in die Dermatolgruppe hinein zu bringen. Das

Mittel, Bismutoxyjodidgallat $C_6H_2(OH)_3COOBi{<}{\phantom{x}}^{OH}_{J}$ oder Airol

genannt, entwickelt in der Tat eine ausgezeichnete adstringierende und antiseptische Wirkung, letztere besonders infolge seiner Jodwirkung.

Alle jodhaltigen Mittel sind vortreffliche Antiseptica, wenn sie Jod unter dem Einfluß des Wundsekretes abspalten. Geschieht das nicht, dann fehlt der Jodbindung an sich jede antibakterielle Kraft. Man hat die Erfahrung gemacht, daß J, welches in Phenolringen gebunden ist, abspaltbar ist, wenn es einen Bestandsteil z. B. einer Hydroxylgruppe (OJ) ist; ist Jod aber direkt in den Phenolkern eingefügt, dann ist die Bindung so fest, daß keine Abspaltung erfolgt. Trotzdem besitzen auch diese Verbindungen antibakterielle Eigenschaft, weil es als allgemeine Regel gilt, daß die antiseptische Kraft der Phenole durch Einfügen von Jod, Chlor oder Br. gesteigert wird.

Das Joddesinficienz $\varkappa\alpha\tau'$ $\dot\varepsilon\xi o\chi\acute\eta\nu$ ist das Jodoform $CHJ_3$. Jodoform. Das Präparat an sich ist antiseptisch völlig unwirksam und gewinnt nur durch die jodabspaltende Eigenschaft (Jodoform enthält $97,6\,^0/_0$ J) den gewünschten Erfolg. Bekanntermaßen haften dem Jodoform erhebliche Mängel an, vor allem der penetrante unangenehme Geruch, welcher der ganzen jodoformtragenden Person anhaftet. Dann kann es infolge seines enormen Jodgehaltes bei schneller Resorption Vergiftungserscheinungen hervorrufen.

Den unangenehmen Geruch versuchte man durch stark absorbierende Mittel wie Cumarin oder geruchsabsorbierende wie gepulverte Kaffeebohnen zu beseitigen, mit recht geringem Erfolg. Bewährt hat sich auch nicht die Anlagerung des Jodoforms an Hexamethylentetramin $CHJ_3.(CH_2)_6N_4$, Jodoformin, das schon durch den Feuchtigkeitsgehalt der Luft zersetzt wird und daher bald nach freigewordenem Jodoform riecht.

Zum Verständnis einiger gebräuchlicher organischer Jodverbindungen sind wieder einige wenige chemische Erläuterungen erforderlich.

Wir haben bisher nur von einem Benzolkern gesprochen, einer sechseckigen Kohlenstoffverbindung, die an jedem der sechs Schnittpunkte ein C-Atom direkt gebunden enthält.  Außer diesem sechseckigen Kern gibt es noch einen fünfeckigen „Ring", den Pyrrholkern, der vier C-Atome und ein N-Atom mit je einem H-Atom besitzt

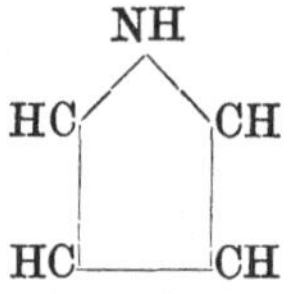

$$
\begin{array}{c}
\text{NH} \\
\text{HC} \quad \text{CH} \\
\text{HC} \quad\quad \text{CH}
\end{array}
$$

Pyrrhol

Von diesem Ringe leiten sich eine Reihe von Kernen ab, die für eine große Gruppe chemischer Körper Grundlagen bilden. Sie nennt man

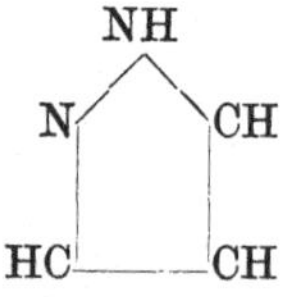

$$
\begin{array}{cccc}
\text{NH} & \text{NH} & \text{NH} & \text{NH} \\
\text{N}\quad\text{CH} & \text{N}\quad\text{CH}_2 & \text{N}\quad\text{CO} & \text{HN}\quad\text{CO} \\
\text{HC}\quad\text{CH} & \text{HC}\quad\text{CH}_2 & \text{CH}\quad\text{CH}_2 & \text{HC}\quad\text{CH} \\
\text{Pyrazol} & \text{Pyrazolin} & \text{Pyrazolon} & \text{Isopyrazolon}
\end{array}
$$

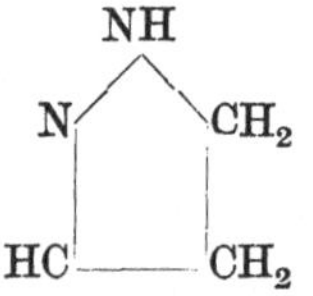

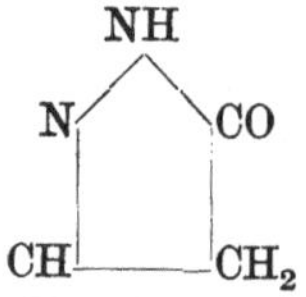

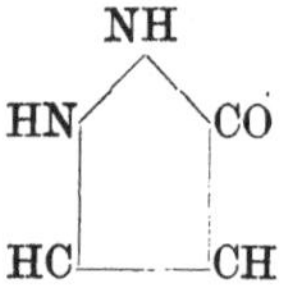

Wir werden diesen Verbindungen noch bei den Fiebermitteln begegnen.

      Von den Jodverbindungen nimmt eine ihren Ausgangspunkt vom Pyrrhol, und zwar in Form des Jodols

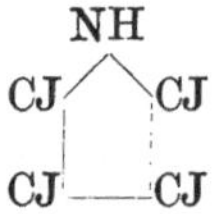

$$
\begin{array}{c}
\text{NH} \\
\text{CJ}\quad\text{CJ} \\
\text{CJ}\quad\text{CJ}
\end{array}
$$

chemisch Tetrajodpyrrhol.  Da Jod in dieser Kombination direkt an den Pyrrholkern gebunden, daher nicht abspaltbar ist, wirkt nicht freiwerdendes Jod antiseptisch, sondern die antiseptisch steigernde Wirkung des in Phenolkernen enthaltenen Halogens.  Jodol, ein Bestandteil des Steinkohlenteers, ist ein gelbbräunliches, nach längerer Aufbewahrung grauwerdendes, krystallinisches, fast geruch- und geschmackloses Pulver, in Wasser fast unlöslich.  Anwendung und Dosierung wie Jodoform (1 g 25 Pf.), besonders gern bei ulcerativen Krankheiten der oberen Luftwege gebraucht, wo eine Kombination des Jodols mit Menthol ($1\,^0/_0$), das Mentholjodol, noch bevorzugt wird.

Das Jodolen (Jodoleiweißverbindung) verdankt seine Entstehung und Berechtigung nur dem allgemeinen Brauch, für vorhandene Mittel Ersatzpräparate zu suchen. Es ist überhaupt gerade bei den Jodverbindungen von der chemisch pharmakotherapeutischen Großindustrie das menschenmöglichste geleistet worden, nicht immer zum Besten der Ärzte und ihrer Kranken. Es bestand und besteht noch immer ein erbitterter Wettkampf zwischen den großen chemischen Fabriken, die durch einen Erfolg der Konkurrenz zur Schaffung angeblich immer besserer Präparate angestachelt werden. Es muß an dieser Stelle nochmals mit aller Schärfe darauf hingewiesen werden, daß in diesem rein industriellen Kampfe die Ärzte eine eigentümliche Rolle spielen. Es werden ihnen von den Fabriken — natürlich unentgeltlich — neue Präparate zu Versuchszwecken übermittelt. Der Arzt sieht von dem Mittel guten Erfolg, berichtet darüber der Fabrik, die alle g u t e n Berichte sammelt und sie dem ärztlichen und nicht ärztlichen Publikum mit aller Kunst der Reklame mitteilt. Diese Mittel — ganz unvollkommen in ihrer Wirkungsbreite studiert — machen ihren teilweise rapiden Flug durch die Welt, und bis, durch genauere Forschung und Erfahrungen, besonders über häufige bösartige Nebenwirkungen, die Warnungsstimmen sich vernehmen lassen — ist der Fabrikant reich geworden. Wir Ärzte müssen uns klar werden, daß in diesem Verfahren eine große Gefahr für uns verborgen liegt. Wir sind nicht dazu da, für rein industrielle Unternehmen Vorspann zu leisten auf Kosten unserer beruflichen Wertschätzung. Wir diskreditieren unseren Stand, wenn wir Mittel anwenden, denen wir nicht bis in die verborgensten Nebenwege folgen können. Kein in der allgemeinen Praxis stehender Arzt ist berufen, ein neu erfundenes Präparat an seinen Kranken zu probieren. Er kann unmöglich die Beobachtung so weit ausdehnen, wie es zur Beurteilung durchaus notwendig ist. Der Arzt überlasse das erforderliche Studium neuer Mittel den großen Krankenhäusern, die infolge ihres großen Ärzte- und Pflegepersonals und ihrer technischen Hilfsmittel in der Lage sind, die Beobachtungen nach allen Richtungen auszudehnen. Erst wenn von verschiedenen Krankenhäusern übereinstimmende Berichte bekannt sind, die das Mittel in der ganzen Wirkungsbreite übersehen lassen, dann erst ist der Arzt berechtigt, das neue Präparat seinen Kranken zu verordnen. Leider geschieht es nicht so selten, daß bei der unglaublichen Reklame einzelner chemischer Großindustrien das Mittel dem Kranken eher als dem Arzt bekannt ist, und daß ersterer die Ordination direkt verlangt. Wenige aufklärende Worte des Arztes werden aber in der Regel genügen, dem Kranken das Unsinnige seines Verlangens klarzumachen.

Die Bestrebungen nach neuen Jodverbindungen bewegen sich nach den erwähnten Prinzipien in bekannter Richtung. Man band Jod an die verschiedensten Eiweißarten, an Fette und fettähnliche Mittel, an Phenole und andere chemische Körper.

Jodeiweiß-verbindungen. Jodalbacid. Von den Jodeiweißverbindungen ist Jodalbacid ($10^0/_0$ Jod enthaltend) bekannt, ein bräunliches, fast geruch- und geschmackloses Pulver. Sein Wert ist durch den geringen Jodgehalt, seinen hohen Preis (1 g 20 Pf. $=$ 0,1 g Jod) und den häufig von mir beobachteten Fäulnisgeschmack beeinträchtigt.

Jodeigon. Nach der Ansicht der Erfinder wären die Eigone ideale Jodeiweißkombinationen. Das Jod ist hier angeblich intramolekulär mit dem Eiweiß verbunden. Es wird Alpha-Eigon (Albumen. jodat.) in den Handel gebracht, ein in Wasser unlösliches antiseptisches Wundstreupulver, ferner das Alpha-Eigon-Natrium ($15^0/_0$ Jod), wasserlöslich, und Beta-Eigon (Peptonum jod. ca. $15^0/_0$ Jod), gleichfalls wasserlöslich.

Jodipin. Weit mehr Bedeutung hat die Anlagerung des Jods an Fett gewonnen, besonders an Sesamöl, bekannt unter dem Namen Jodipin. Es kommt in zwei Konzentrationen, als 10- und $25^0/_0$ige Mischung in den Handel. Der Wert besteht in folgendem. Bei Einverleibung beliebiger Jodipinmengen wird doch nur eine bestimmte Menge Jod (im Durchschnitt 0,2 g täglich) ausgeschieden, aber je nach der einverleibten Menge über geraume Zeit. Die Ausscheidungsmenge wird durch körperliche Bewegung, heiße Bäder u. dgl. bis zu etwa doppelter Menge gesteigert. Jodipin ist mithin ein Joddepot, das, in den Körper gebracht, langsam abgebaut wird. Es wird per os und subcutan gegeben. In der Einverleibung liegt der größte Nachteil des Präparates. Selbst durch Pfefferminzöl, Kaffee oder Bier wird der ölige Geschmack nicht so verdeckt, daß er den

Widerwillen bei vielen bekämpft. Auch die Injektion, die am besten in das reiche Glutaealfett erfolgt, mit möglichst langen weiten Kanülen, ist wegen der Schmerzhaftigkeit — Jodipin, besonders das $25^0/_0$ige, muß angewärmt werden — schwierig anzuwenden. Zur Vermeidung von Fettembolie überzeuge man sich, ob nicht — durch Blutaustritt kenntlich — eine Vene getroffen ist. Ein weiterer Nachteil ist der enorm hohe Preis (10 g der $10^0/_0$igen Lösung kosten 60 Pf., 100 g 4,80 M., 10 g der $25^0/_0$igen Lösung kosten 1,00 M., 100 g 7,90 M.).

Von den Phenolbindungen des Jods ist das Jodol und seine Abkömmlinge bereits erwähnt. Größere Verbreitung fanden besonders früher die Sozojodolverbindungen mit folgendem chemischem Aufbau

$$SO_3Na$$

$$(1)\ J \quad \begin{matrix} o \\ \\ m\ J\ (1) \\ p \end{matrix} = \text{Dijod (1)-p-phenolsulfosaures Natrium.}$$

$$OH$$

(Das p kennzeichnet die Stellung der OH-, d. h. der phenolbildenden Gruppe; o bedeutet die OH-Stellung oben, m weiter unten, p ganz unten.)

Sozojodolnatrium ist leicht löslich, während das Kaliumsalz unlöslich ist. Letzteres wird als sekretionshinderndes Mittel in der Rhino-Otologie besonders angewandt, ersteres dort, wo es weniger reizend oder in Lösung wirken soll. Das Zinksalz hat sich bei der Behandlung der Ozaena als borkenlösend und sekretionsanregend bewährt.

Ein chemisch kompliziert konstruierter Körper ist das Europhen, das den Vorzug hat, J in der leicht abspaltbaren OJ-Verbindung zu besitzen. Europhen ist ein gelbliches amorphes, leicht aromatisch riechendes Pulver, das als Jodoformersatzmittel gilt (1 g 40 Pf.). Aristol ist Dithymoldijodid (auf die chemische Erläuterung kommen wir an anderer Stelle zurück), ein gleichfalls J in der Seitenkette enthaltender Körper. Seine sonst guten Eigenschaften werden durch die leichte Zersetzlichkeit und den hohen Preis (1 g 40 Pf.) paralysiert.

Das Jodoanisol (p-Form)

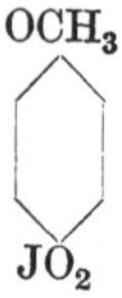

$$OCH_3$$

$$JO_2 \quad \text{(Jodoverbindung)}$$

ist explosiv, wird am besten mit gleichen Teilen Glycerin als
Paste gebraucht, die ihrerseits zur Salbenbereitung und wässerigen Suspendierungen verwandt wird. Als Vorzug kann nur
die anerkannte geringere Giftigkeit gelten.

Vioform.  Schließlich sei noch das Vioform erwähnt, eine Jodchloro-
oxychinolinverbindung. Chinolin entsteht durch die Aneinander-
lagerung zweier Benzolkerne (Naphthalin genannt)

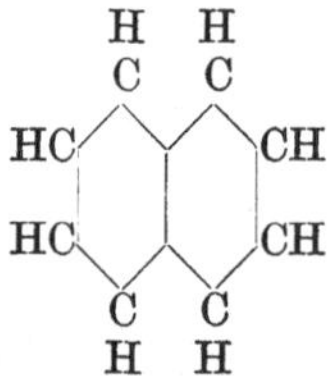

und Substituierung einer CH-Gruppe durch ein N-Atom, also

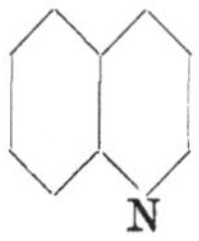

= Chinolin.

Aus diesem Körper ergiebt sich durch Oxy-Chlor-Jodeinfügung
das Vioform

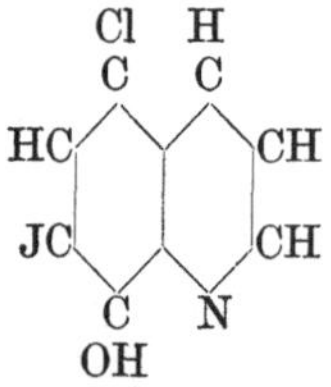

Vioform ist ein geruchloses, in Wasser unlösliches, bei
feuchter Luft zusammenballendes Pulver, das durch die Halogene an desinfizierender Kraft den Phenolen überlegen ist und
außerdem desodorierende Eigenschaft besitzt.

Besondere Besprechung verlangen noch zwei Jodverbindungen, die sich nach bestimmter Richtung als bewährt erwiesen haben, das Jothion und Sajodin.

Die Bedeutung des Jothions, einer öligen Flüssigkeit (Dijodhydroxypropan), zu entwickeln wie folgt:

$$CH_4 = \text{Methan}$$

$$\begin{array}{l} CH_3 \\ | \quad\quad \text{Aethan} \\ CH_3 \end{array}$$

$$\begin{array}{l} CH_3 \\ | \\ CH_2 = C_3H_8 = \text{Propan} \\ | \\ CH_3 \end{array}$$

$$\begin{array}{l} \quad\; \diagup J \\ C \;\; J \\ \quad\; \diagdown OH = \text{Jothion}), \\ CH_2 \\ | \\ CH_3 \end{array}$$

Jothion.

besteht darin, daß es, in Glycerin, Öl, Alkohol, Vaselin löslich, von der Haut aus resorbiert wird, und zwar angeblich im Laufe mehrerer Tage bis $50\,^0/_0$ des Jodgehaltes ($80\,^0/_0$ Jod enthaltend, 1 g 30 Pf.). Es wird mithin dort Verwendung finden, wo man eine lokale oder allgemeine Jodwirkung erzielen will.

Das Sajodin, eine seifenähnliche (Sapo-Jod), Jod ($26\,^0/_0$) und Calcium enthaltende Verbindung, ist wohl als der beste Jodkaliersatz zu bezeichnen. Es wird sehr gut vertragen und erzeugt fast nie Jodismus. Am besten verordnet man es in Originaltabletten à 0,5, wobei zu beachten ist, daß Sajodin nur $26\,^0/_0$ Jod enthält. (1 Originalrohr mit 20 Tabl. kostet 2,00 M.)

Sajodin.

Entsprechend der geringeren Bedeutung des Broms haben auch die organischen Bromverbindungen verhältnismäßig wenige Vertreter. Dem Jodalbacid und Jodeigon entsprechen die analogen Bromverbindungen. Bromalbacid enthält aber nur $6\,^0/_0$ Brom. Da 1 g 20 Pf. kostet, dürfte das Präparat wenig praktische Bedeutung beanspruchen. Denselben Fehler hat das Bromeigon (unlöslich), welches mit $11\,^0/_0$ Brom 8 Pf. pro Gramm kostet.

Organische<br>Brom-<br>verbindungen.

Größeren Wert verdient das Bromipin, durch Einführung des Broms in Sesamöl entstehend, welches zuweilen mit gutem Erfolg angewendet wird, wo die Bromalkalien Bromismus (Acne, Furunculosis, foetor ex ose, Appetitlosigkeit) erzeugen.

Es kommt in zwei Konzentrationen in den Handel, als $10\%$- und $33^1/_3\%$ige Mischung. Originalflasche (Merck) von 100 g $10\%$ Bromipin kostet 1,60 M.; 10 g der $33^1/_3$ prozentigen Mischung kosten 85 Pf., 100 g 6,70 M.

Erwähnt sei noch das Bromalin, chemisch: Hexamethylentetramin-Äthylbromid $(CH_2)_6 N_4 . C_2 H_5$. Br. Die in Wasser leicht löslichen Blättchen enthalten $32\%$ Brom. Wie das Bromipin ist die Anwendung nur bei Unverträglichkeit der anorganischen Bromverbindungen indiziert (1 g 10 Pf.).

Das Präparat Bromidia verdankt seine beruhigende Wirkung seinem Gehalt an Chloralhydrat. Die Normaldosis enthält 1 g Brom, 1 g Chloralhydrat, 0,08 Extr. Cannabis ind. und Extr. Hyoscyami.

# IV. Antiseptica mit Phenolkern.

Carbolsäure. Das älteste historisch bedeutendste Desinficiens ist die bereits 1834 aus dem Steinkohlenteer isolierte Carbolsäure, die von Lister in die Chirurgie eingeführt, dieser eine neue Ära eröffnete.

Die Carbolsäure — Phenol $C_2 H_5 OH$ — ist aber von anderen Antisepticis so sehr überholt, daß es heute fast nur noch in konzentrierter Form als Ätzmittel gebraucht wird. Die Nachteile des Phenols sind: der unangenehme Geruch, die große Giftigkeit und der relativ teure Preis.

Zum Verständnis der Abkömmlinge des Phenols halte ich einige chemische Erläuterungen für notwendig.

In den Bezolkern können an Stelle des H außer der Hydroxylgruppe die $CH_3$-Verbindung, allein oder mit OH eingeführt werden, ebenso $C_2 H_5$, $C_3 H_8$ usw. Bedenkt man nun, daß $CH_3$ z. B. in o-, m- und p-Form (s. S. 29) stehen kann und stellt man sich weiter vor, daß 2 oder 3 OH- resp. $CH_3$- oder ähnliche Gruppen eingefügt werden, daß schließlich mehrere Kerne aneinander gelagert sein können, dann ergibt sich die Variationsmöglichkeit in ungeheurer Zahl. Am wichtigsten sind die chemisch einfachsten geworden, vor allem die Kresole, aus folgender Zusammenstellung in ihrem Aufbau zu erkennen:

$$C_6H_6$$
Benzol

$$C_6H_5OH$$
Phenol

$$C_6H_5CH_3$$
Toluol

$$C_6H_4\Big\langle\begin{array}{l}OH\\CH_3\end{array}$$
Kresole

Das Kresol ist chemisch also entweder das Hydroxyl des    **Kresole.**
Toluols oder Methylphenol. Die Formelkonstruktion

$$
\begin{array}{c}
C.CH_3\\
HC \diagup \quad \diagdown COH\\
o\\
m\\
HC \diagdown \quad \diagup CH\\
p\\
CH
\end{array}
$$

ergibt die Möglichkeit, daß die OH-Gruppe außer in ihrer
o-Stellung noch in m- und p-Stellung existieren kann, woraus
sich die o-, m- und p-Kresole ergeben. o-Kresol ist krystallisch,
m-Kresol flüssig, p-Kresol krystallinisch. Die beste Form ist
das am wenigsten giftige m-Kresol.

Gewonnen werden die Kresole aus dem Steinkohlenteer,
und zwar bei fraktionierter Destillation in denjenigen Subli-
mierungsstoffen, die bei 180—210° verdampfen (Kreosot- oder
Mittelöl genannt). In dem Rohkresol sind außer allen Iso-
meren noch verschiedene andere Stoffe enthalten. Das Roh-
kresol hat den großen Nachteil, daß es in Wasser schwer
löslich ist, zu kaum 2%, eine Lösung, welche zu Desinfektions-
gebrauch zu schwach ist. Die Bemühungen gingen darauf
hinaus, die Kresole in leichter lösliche Form zu bringen, ein
Ziel, das auf verschiedene Art erreicht werden kann. Artmann machte die Entdeckung, daß die Kresole durch Sulfurierung (Behandlung mit konzentrierter Schwefelsäure) in Lösung gebracht werden können. Da aber in Roh-Kresol noch
andere Kohlenwasserstoffe und Harze enthalten sind, entsteht
durch Sulfurierung keine eigentliche Lösung, sondern eine
emulsionsartige Flüssigkeit (Kreolin Artmann). Von großer
Bedeutung war die Entdeckung, daß die Kresole in Lösungen
mancher organischen Salze löslich sind. So entstand das

Kreolin Pearson (Lösung in harzsauren Alkalien), Solveol (Lösung in kresotinsaurem Natrium

$$- \ C_6H_3 \begin{cases} \diagup OH \\ -CH_3 = \text{Kresotinsäure}) \\ \diagdown COOH \ (\text{Säuregruppe an Kresol}), \end{cases}$$

**Lysol.** und vor allem Lysol (Lösung in fettsauren Salzen, d. h. Seifen). Eine Kresolseifenlösung, die $5\,^0/_0$ Kresole enthält, ist offizinell geworden. Die Desinfektionskraft der Kresole ist beträchtlich größer als die der gleichstarken Carbollösung. Außerdem ist die Giftigkeit geringer, obwohl die jetzt infolge der leichten Zugänglichkeit so häufigen Lysolvergiftungen zur Vorsicht mahnen. Schließlich ist Kresol billiger als die Carbollösung, da die Kresole in den Abfallprodukten bei der Phenolgewinnung enthalten sind.

Interessant ist die Frage, worin überhaupt die antiseptische Wirkung der Phenole beruht. Vom Sublimat wissen wir, daß eine Chlorbewegung entsteht, daß Chlor sich mit H zu Salzsäure verbindet, oder es tritt bei organischen Körpern an Stelle des H ein. Jod wirkt ähnlich, ebenso Br. Die Phenole wirken dagegen lähmend sowohl auf das pflanzliche wie tierische Protoplasma. Außerhalb unseres Körpers werden nur die Bakterien getroffen, innerhalb unseres Körpers außer den Bakterien auch unsere Körperzellen, die ebenso der Phenol-
**Darm-** wirkung unterliegen. Da wir gleich zu den sog. Darmdes-
**antiseptica.** inficienzien kommen, müssen wir uns einmal klar machen, wie eine Desinfizierung des Darmkanals (im Magen wirkt die Salzsäure desinfizierend) zustande kommen soll. Wir nehmen z. B. 0,1 bis 0,2 g Calomel, sagen wir dreimal täglich. Dann haben wir etwa $^1/_2$ g Calomel in den Darmkanal gebracht, in welchem angeblich aus dem Calomel ($HgCl$) Sublimat ($HgCl_2$) entsteht. Hören wir, was Hugo Schulz hierüber sagt:

„Wenn der Chirurg seine Hände gründlich desinfizieren will, so nimmt er dazu anerkannt bakterienfeindlich wirkende Substanzen, Sublimatlösung, Alkohol, Kaliseife u. dgl. Mit Hilfe einer Bürste bearbeitet er die Haut der Hände und den Raum unter den Nägeln. Dadurch läßt sich dann eine für praktische Zwecke auskömmliche Desinfektion der Hände erreichen. Will man nun diesen Vorgang der Desinfektion auf die Darmschleim-

haut übertragen, so leuchtet sofort ein, daß auch nur ihm annähernd ähnliches dort gar nicht erreichbar ist. Von irgend-
welcher mechanischen Einwirkung auf die Darmschleimhaut ist
schon gar nicht die Rede. Und wie soll sich der weitere Vorgang der Unschädlichmachung der Mikroorganismen erklären?
Nehmen wir an, wir geben einem Patienten, der eine infektiös
entstandene Darmaffektion hat, im Laufe eines Tages 1 g
Calomel. Nehmen wir weiter an, was allerdings erst zu be-
weisen wäre, der eine Teil des Calomels werde im Darm zu
Sublimat. Wir sehen dabei selbstverständlich außer von man-
chem anderen auch von den flüssigen Schwefelverbindungen
ab, die im Darm vorhanden, das neu entstandene Sublimat
schleunigst in schwerlösliches Schwefelquecksilber verwandeln
würden. Setzen wir also die Bedingungen so günstig wie nur
möglich für das Zustandekommen der bactericiden Wirkung
des Sublimates. Nun wollen wir mit den örtlichen Verhält-
nissen rechnen. Wir wissen, welch eine Sorte von Brei und
Unrat im Darm bei Infektionskrankheiten desselben sich findet.
Jeder, der überhaupt einmal eine Darmsektion auch nur mit
angesehen hat, weiß, welche Masse schleimiger Substanz die
Innenwand des Darmrohres überzieht. Wir haben da ganz
andere Bedingungen, mit denen zu rechnen ist, wie die sind,
die sich beim Laboratoriumsversuche im Reagensglase vorfinden, dessen Inhalt man außerdem noch mechanisch mit dem
Desinficiens innig mischen kann. Und nun endlich, wie soll
das als wirklich im Darm vorhanden angenommene Sublimat
an die Mikroorganismen herangelangen, sie selbst treffen? Er-
wägt man einen Augenblick das mikroskopische Bild, das schon
bei geringer Vergrößerung ein Stück der Oberfläche der Darmschleimhaut bietet, diesen großen Reichtum an Erhöhungen
und Vertiefungen, Einbuchtungen und Winkeln der verschiedensten Gestalt und Ausdehnung, und übertragen wir das, was
wir an einem Stück derselben wahrnehmen, auf die ganze
krankhaft affizierte Schleimhaut. Alle diese in unberechenbarer
Menge vorhandenen einzelnen Räume, wenn wir sie so bezeichnen wollen, dienen als Aufenthaltsort der pathogenen
Schädlinge. Bis zu ihnen soll aus dem Darmbrei heraus und
durch die Schleimdecke hindurch das Sublimat in solcher
Menge herantreten, daß es auch noch in der von ihnen ver-

langten Weise wirken kann. Die von ihm in hinlänglicher Konzentration unmittelbar berührten Organismen werden wohl zugrunde gehen, aber wie viele sind das im Vergleich zu ihrer ganzen Menge? Gibt man also alle theoretisch denkbaren, die desinfizierende Kraft des Calomels erklärenden und zum Ausdruck bringen sollenden Möglichkeiten auch von vornherein zu, so ergibt trotzdem die einfache Überlegung des Tatsächlichen, daß sie in der bisher erörterten Weise sich überhaupt nicht vollziehen kann.‟

Mit Hugo Schulz bin ich der Meinung, daß die durch Erfahrung bewiesene günstige Einwirkung der sog. Darmdesinfizientien nicht so durch ihre direkte bactericide Kraft zu erklären ist, als vielmehr dadurch, daß diese Mittel die Darmschleimhaut derartig beeinflussen, daß die Bakterien weniger günstige Existenzbedingungen vorfinden und daher zugrunde gehen.

Salol. Der erste zur Darmdesinfektion gebrauchte Phenolkörper war Salol, Salicylsäurephenolester. (Die Verbindung einer organischen Säure mit Phenolen oder Alkohol wird Ester genannt.) Bei der Herstellung dieser Ester von Phenolen mit organischen Säuren ging man von der Idee aus, daß diese Verbindungen unzersetzt den Magen passieren und im Darm durch Einwirkung der Darmbakterien und des Pankreasenzyms gespalten werden. Die Säuren werden durch den alkalischen Darmsaft neutralisiert, woraus häufig wirksame Verbindungen resultieren, und auch die andere Komponente kann ihre etwaige Wirkung entfalten. Dieses sog. Salolprinzip hat häufige Anwendung gefunden. So entstanden als Ersatz für das giftige und die Haut reizende Naphthol

$$\left( \quad \alpha \quad \beta\text{OH} \atop \times \atop \alpha \quad \beta \quad \right)$$

— unter $\alpha$-Stellung versteht man die Anlagerung der OH-Gruppe nahe an die Verbindungsstelle $\times$, während die $\beta$-Stellung anzeigt, daß die OH-Gruppe der Verbindungsstelle nicht angrenzt — das weit weniger giftige Benzonaphthol, bei

Sommerkatarrhen der Kinder zu 0,2—0,3 mehrmals täglich
verabreicht; ferner der Salicylsäurenaphthylester — Betol ge-    Betol.
nannt, und das brauchbare Epicarin = $\beta$-Naphthol — Kreso-    Epicarin.
tinsäure. Wie $\beta$-Naphthol wirkt Epicarin antizymotisch —-
Specificum gegen Scabies —, reduzierend und juckenstillend.
In 10prozentigen Salben und alkoholischen Lösungen wird es
gebraucht.

    Zu den sog. Darmantisepticis aus der Phenolgruppe ge-
hört auch das Resorcin, ein Oxyphenol. Die OH-Gruppe,    Resorcin.
welche an den Phenolkern

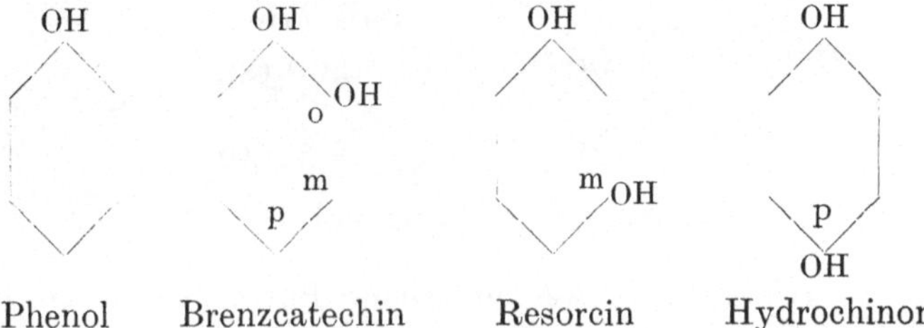

angefügt wird, zeigt folgende Gruppierungsmöglichkeit

Phenol     Brenzcatechin     Resorcin     Hydrochinon

    Von diesen Verbindungen ist das Resorcin am wenigsten
giftig, hat daher in der Therapie die größte Bedeutung. Da
man erkannt hat, daß alle chemischen Mittel, welche leicht
Sauerstoff aufnehmen, also reduzierend wirken, bestimmte Ein-
wirkungen auf die Haut haben, keratoplastisch wirken, hat man
sie mit großem Nutzen in die Hauttherapie eingeführt. Die
geringe Giftigkeit erlaubt auch die interne Verabfolgung des
Resorcins, das man bei Gärungszuständen im Magen und bei
abnormen Zersetzungen im Darm in Dosen von 0,2 mehrmals
täglich anwendet.

    Noch stärker reduzierend wirkt das Trioxybenzol, Pyro-    **Pyrogallol.**
gallol genannt.

$$\text{Trioxybenzol (1,2,3):}\quad \begin{array}{c} \mathrm{OH} \\ \diagdown \mathrm{OH} \\ \big| \\ \mathrm{OH} \end{array}$$

das einzige der drei möglichen· Trioxybenzole, das medizinisch
verwandt wird. Es hat den Nachteil beträchtlicher Giftigkeit,
reizt die Haut, die sie braunschwarz verfärbt. Diese Übel-
stände suchte man, und zwar mit Erfolg durch die Acetylierung zu beseitigen. Seitdem man die Beobachtung gemacht
hatte, daß die Salicylsäure durch Einfügung der Essigsäure
(Acidum aceticum, daher die Bezeichnung Acetylierung) zu
dem gut verträglichen Aspirin umgewandelt wird, hat man
dieses Verfahren, häufig kritiklos, an allen möglichen Präparaten versucht. Diesen Experimenten verdankt auch das Lenigallol seine Entstehung. Es unterscheidet sich von Pyrogallol
dadurch, daß an Stelle der drei H-Atome die Radikale der
Essigsäure sich befinden

$$\begin{array}{cc}
\begin{array}{c}\mathrm{OH}\\ \diagdown\mathrm{OH}\\ |\\ \mathrm{OH}\end{array} &
\begin{array}{c}\mathrm{O(CH_3CO)}\\ \diagdown\mathrm{O(CH_3CO)}\\ |\\ \mathrm{O(CH_3CO)}\end{array}\\[2ex]
\text{Pyrogallol} & \text{Lenigallol}
\end{array}$$



Das weiße, in Wasser unlösliche Pulver wirkt, in $10\,^0/_0$-
igen Salben, wie Pyrogallol, mit dem Unterschiede, daß
dessen unangenehme Eigenschaften durch die Acetylierung be-
deutend gemildert sind. Das Eugallol, das von dem Lenigallol sich dadurch unterscheidet, daß der Essigsäurerest nur
einmal vorkommt, hat vor dem Lenigallol keinerlei Vorzüge.
Daß auch die Salicylsäure und andere organische Säuren zur
Herstellung neuer Ersatzpräparate für Pyrogallol herangezogen
worden sind — ohne nennenswerten Erfolg — bedarf kaum
der Erwähnung.



## V. Antiphthisica.

Wenn man an Stelle des H-Atomes im Brenzcatechin
eine Methylgruppe ($CH_3$) einfügt, dann entsteht Guajacol, ein

Präparat, das in der Behandlung der Lungentuberkulose eine bedeutsame Rolle spielt. Sommerbrodt hat die günstige Wirkung des Kreosots bei Lungenkranken zuerst betont. Das Kreosot, aus dem Buchenholzteer gewonnen, ist ein Gemisch von Phenolen und Phenolverbindungen. Es ist giftig, wirkt ätzend auf die Magenschleimhaut, ist daher in seiner Verwendbarkeit begrenzt. Man hat diesem Übelstande auf verschiedene Art abzuhelfen gesucht. Der eine Weg führte zur Darstellung des scheinbar wirksamen Bestandteiles des Kreosots, des Guajacols, einer farblosen, in Wasser schwer, in Alkohol leicht löslichen Flüssigkeit, die vor dem Kreosot geringere Giftigkeit und bessere Bekömmlichkeit voraus hat. Das im Handel vorkommende Guajacol, das aus dem Kreosot gewonnen wird, ist aber kein chemisch reiner Körper, da es ungemein schwer ist, das Guajacol von seinen Verunreinigungen zu befreien.

Ein anderer sehr erfolgreicher Weg ist die Esterifizierung des Kreosots mit organischen Säuren. Diese Verbindungen haben den großen Vorteil, daß sie den Magen unzersetzt passieren, ihn also nicht belästigen, und im Darm durch allmähliche Abspaltung resorbiert werden, daher viel geringere Giftigkeit besitzen. Es ist ohne weiteres zu schließen, daß alle möglichen Kombinationen versucht worden sind. Am meisten eingebürgert hat sich das Kreosotcarbonat (Kreosot und Kohlensäure), eine leicht bräunliche, in der Kälte dick-, in der Wärme dünnflüssige, wenig riechende Masse, in Wasser fast unlöslich, in Ölen, Alkohol löslich, daher in Lebertran oder Wein zu verabfolgen, auch in Kapseln dreimal täglich 5 bis 20 Tropfen. Von anderen Kombinationen sind die Verbindungen mit Gerbsäure (Tanosal), Baldriansäure (Eosot), Phosphorsäure zu nennen. Eine besondere chemische Stellung nimmt die Kreosot-Formalinverbindung ein, das Pneumin, ein geruch- und geschmackloses, in Wasser unlösliches Pulver, dreimal täglich messerspitzweise zu nehmen. Alle diese Präparate haben den Nachteil, daß sie in Wasser fast oder ganz unlöslich sind. Mit großem Eifer wurde nach einem Verfahren gesucht, das Kreosot in eine wasserlösliche Form zu bringen, was schließlich durch Sulfurierung des Kreosots gelang. Sulfosot ist kreosotsulfosaures Kalium, eine geruchlose sirupähnliche, in Wasser leicht lösliche Flüssigkeit, die in Sulfosotsirup (einer Lösung des Sulfusots in Sirup) so viel Substanz enthält, daß in 1 Eßl. des Sirups 1 g Sulfosot enthalten ist. Man gibt dreimal täglich einen Teelöffel bis einen Eßlöffel.

Dieselben Manipulationen, welchen das Kreosot unterworfen worden ist, hat man natürlich in gesteigertem Maße beim Guajacol angewandt. Es gibt ein Guajacolcarbonat (Duotal), ein fast geschmackloses, in Wasser unlösliches Pulver (sehr teuer, 10 g 2 M.), ein Guajacol. valer. (Geosot), eine Formalinverbindung (Pulmoform), eine Verbindung mit Benzoesäure (Benzosol), mit Campher (Guacamphol), mit Zimtsäure (Styracol), mit Phosphorsäure usw. Alle Präparate sind in Wasser unlöslich, haben voreinander kaum Vorzüge. Das lösliche Präparat ist das Calciumsalz der Guajacolsulfosäure

Guajacol.<br>Guajal-<br>carbonat.<br>Geosot.

$$\left( \begin{array}{c} OCH_3 \\ OH \\ SO_3K \end{array} \right)$$

Thiocol genannt, dessen $10\,^0/_0$ ige Lösung in Sirup als Sirolin bezeichnet wird (1 Eßlöffel enthält 0,52 g Guajacol). Man verordnet drei- bis viermal täglich 1 Teelöffel bis 1 Eßlöffel (Originalröhrchen mit 25 St. Thiocoltabletten à 0,5 2,40 M. Originalflasche Sirolin à 150 g 3,20 M.)

Thiocol.<br>Sirolin.

Besondere Erwähnung verdient noch das Histosan, eine Guajacoleiweißverbindung. Das braune Pulver, dreimal täglich 0,5 g gebräuchlich, ist in Wasser und sauren Flüssigkeiten (daher auch im Magensaft) unlöslich, in alkalischen dagegen (im Darm) leicht löslich. Für Kinder eignet sich der $5\,^0/_0$ ige Histosansirup (dreimal täglich 1 Teelöffel bis Kinderlöffel).

Histosan.

## VI. Therapeutisch wichtige Abkömmlinge der Salicylsäure und Gerbsäure.

Wiederholt ist bereits einer Verbindung Erwähnung getan, die chemisch und therapeutisch den antiseptischen Phenolen nahesteht, der Salicylsäure

Innerlich<br>zu nehmende<br>Salicylsäure-<br>präparate.

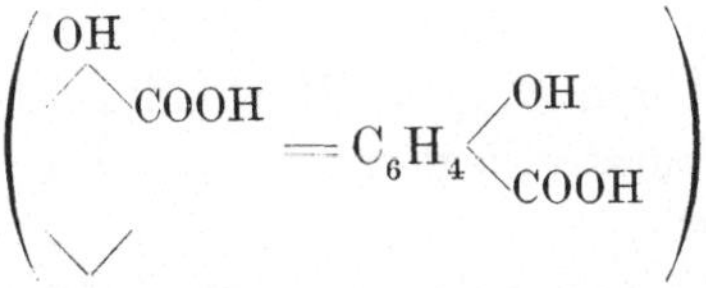

$$\left( \begin{array}{c} OH \\ \diagup\!\diagdown COOH \\[-4pt] \diagdown\!\diagup \end{array} = C_6H_4 \diagup\!\diagdown \begin{array}{c} OH \\ COOH \end{array} \right)$$

Ihre pharmakotherapeutische Bedeutung liegt nicht so in ihrer antiseptischen Wirkung, als in der spezifischen Einwirkung gegen akuten Gelenkrheumatismus. Die reine Salicylsäure wird jedoch nur äußerlich gebraucht (als keratolytisches Mittel), während zur innerlichen Darreichung das Natriumsalz verwandt wird (auch als Antifebrile und Antineuralgicum). Der Salicylsäure und ihren Salzen haften unangenehme Eigenschaften an, wie böse ätzende Wirkung auf die Magenschleimhaut, Ohrensausen, Schwindel usw. Auch das Salz besitzt diese Eigenschaften, weil durch die Salzsäure des Magens die Salicylsäure frei wird. Kaum auf einem andern Gebiet ist wie hier das Suchen nach Ersatzpräparaten von so bedeutendem Erfolg gekrönt worden. Nach dem chemischen Aufbau

*Salicylsaures Natrium.*

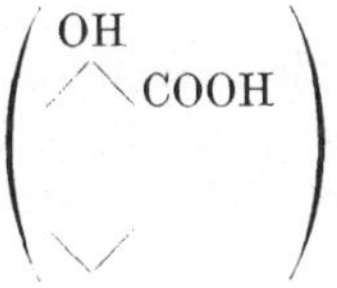

$$\left( \begin{array}{c} OH \\ \diagup\!\diagdown COOH \\[-4pt] \diagdown\!\diagup \end{array} \right)$$

sind verschiedene Wege zur Substituierung möglich. Es können sowohl an Stelle des H-Atomes der Carboxylgruppe (COOH) als auch der phenolischen Hydroxylgruppe (OH) Säure- oder Alkoholradikale eintreten. Nach der ersteren Möglichkeit ist das Glykosal entstanden, eine Salicylsäure-Glycerinverbindung

*Glykosal.*

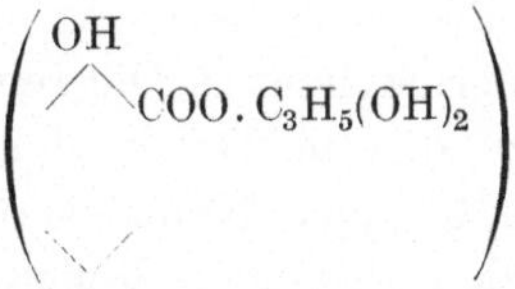

$$\left( \begin{array}{c} OH \\ \diagup\!\diagdown COO.C_3H_5(OH)_2 \\[-4pt] \diagdown\!\diagup \end{array} \right)$$

ein weißes krystallinisches Pulver, in kaltem Wasser schwer, in heißem leicht löslich. Es wird äußerlich (in $10^0/_0$igen Salben oder $20^0/_0$iger Lösung) und innerlich (3—4mal täglich 0,5—1,0 g) gebraucht, äußerlich mit geringer Salicylsäurewirkung.

In diese Gruppe gehören auch die Salicylsäure-Phenolverbindung (Salol) und -Naphtholverbindung (Betol). Die Wirkung beider Präparate liegt aber, wie bereits erwähnt, auf anderem Gebiete.

Von ungemein weittragender Bedeutung wurde die zweite der obenerwähnten Möglichkeiten, die Einfügung von Säuren in die phenolische Hydroxylgruppe. Auf diese Weise entstand durch Einführung des Radikals der Essigsäure ($CH_3COOH$) die Salicylessigsäure

$$\left( \underset{\text{COOH}}{\overset{O.(CH_3.CO)}{\bigcirc}} \right)$$

Aspirin. bekannt unter dem Namen Aspirin. Es bildet weiße, im warmen Wasser schwer lösliche Krystalle, die bei ausgezeichneter Salicylwirkung fast ausnahmslos wegen ihres leicht säuerlichen Geschmackes gern genommen, gut vertragen werden und selten Ohrensausen und Schwindel erzeugen. Zu beachten ist, daß der Name „Aspirin" geschützt ist. 10 g Acidum acetylosalicylicum kosten 25 Pf.; dieselbe Menge mit dem Namen „Aspirin" 90 Pf.

Es fehlen natürlich auch nicht analoge Verbindungen mit anderen Säuren, von denen die Benzoesäure sich am besten Benzosalin. bewährt hat. Das Benzosalin (Methylester der Benzoylsalicylsäure) ist das Produkt dieser Kombination, das vor dem Aspirin keine Vorzüge besitzt.

Äußerlich    Mit großem Eifer suchte man nach Kompositionen der anzuwendende Salicylsäure, welche die äußerliche Anwendung gegen rheuSalicylsäure- matische Beschwerden ermöglichte. Die reine Salicylsäure wirkt verbindungen. ätzend, kann daher zu diesem Zweck nicht gebraucht werden. Man brachte sie in $10\%$iger Konzentration in Salbenseifen Rheumasan. (Rheumasan), die an den affizierten Stellen verschmiert wurden. Man erhöhte die Wirkung durch Einverleibung von SalicylMethylester der säureestern, von denen der Methylester sich am brauchbarsten Salicylsäure. erwies. Dieser, im Gaultheriaöl enthalten, wurde künstlich hergestellt und in seiner durch die Haut resorbierbaren EigenMesotan. schaft vom Mesotan übertroffen, das durch Einfügung einer

Methoxylgruppe (OCH$_3$) in die Methylverbindung des Salicyl-
säuremethylesters gewonnen wird. Die chemische Konstruktion
ergibt sich aus folgender Darstellung

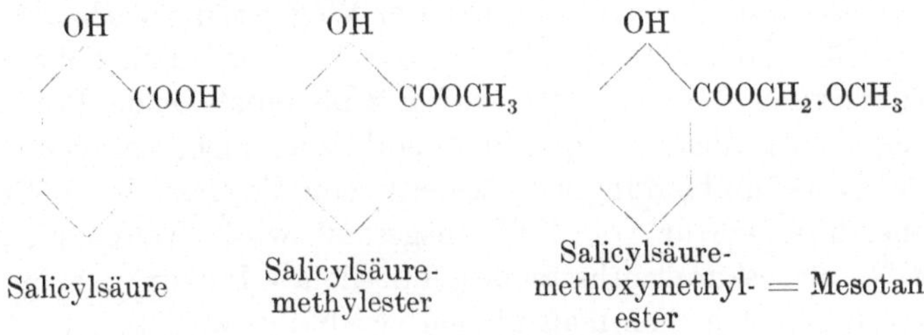


Letzteres ist eine unangenehm riechende, mit Öl leicht misch-
bare Flüssigkeit, aus der sich leicht Formaldehyd abspaltet,
das ungemein reizbar für die Haut ist. Mesotan wird am
besten in gleicher Mischung mit Olivenöl verordnet und auf
die erkrankte Stelle gepinselt und mit Flanell überbunden.
Sobald eine Hautröte sich zeigt, ist die weitere Anwendung
dringend kontraindiziert. Nach meiner Erfahrung kann ich
mich dem enthusiastischen Urteil vieler nicht anschließen, obwohl es zuweilen bei akutem Muskelrheumatismus gute Dienste
leistet (1 g 15 Pf.).

Zu den aromatischen Oxysäuren gehört auch die Gerb- Gerbsäure und
säure, bei deren Hydrolyse Gallussäure                    ihre Derivate.

$$C_6H_2(OH)_3COOH = \left( \begin{array}{c} COOH \\ OH \\ OH \\ OH \end{array} \right)$$

entsteht, deren Bedeutung aber weniger in ihrer antiseptischen
Eigenschaft liegt, als in der Fähigkeit, adstringierend auf die
Schleimhäute des Magendarmkanals einzuwirken. Die Gerbsäure selbst ist für die interne Verabfolgung unbrauchbar, weil
sie von schlechtem Geschmack, ungünstiger Wirkung auf die
Magenschleimhaut ist und auf dieser bereits ihre adstringierende
Kraft verausgabt. Die Bestrebungen nach Ersatzpräparaten
mußten diese erwähnten Mängel beseitigen. Zunächst mußte
das vielfach bewährte Acetylierungsverfahren herhalten. Die

Tannigen.

Acetylgerbsäure, Tannigen, ist ein unlösliches Pulver, das den Magen unzersetzt passiert und im Darm allmählich Gerbsäure abspaltet (0,5 g mehrmals täglich, 1 g 20 Pf.).

Tannalbin.

Ein weiterer oft angewandter Weg ist die Verbindung mit Eiweiß. So entstand das Tannalbin. Das unmittelbar durch Einwirkung der Gerbsäure auf Eiweiß entstehende Produkt ist wegen der leichten Spaltung praktisch nicht zu gebrauchen. Die Gerbsäurebindung wird fester, wenn die Masse 8—10 Stunden einer Temperatur von 110° ausgesetzt wird. Tannalbin ist ein 50 % Gerbsäure enthaltendes unlösliches Pulver, das in Dosen von 0,5—1,0 g mehrmals täglich verabfolgt wird (1 g 10 Pf.), bei Kindern entsprechend weniger. Zu bemerken ist, daß das sehr leicht zerstäubende Pulver, das schwer Feuchtigkeit aufnimmt, Kindern nicht leicht beizubringen ist. Man verteilt die einzelne Dosis auf mehrere Tee- oder Eßlöffel Flüssigkeit (Milch oder Schleimsuppe).

Tannocol.

Wenn an Stelle des Eiweißes Gelatine der Gerbsäurewirkung unterworfen wird, entsteht Tannocol, gleichfalls unlöslich, in derselben Dosis wie Tannalbin gebräuchlich.

Tannopin.

Tannoform ist das Produkt der Gerbsäure und des Formaldehyds, Tannopin entsteht aus Tannin und Hexamethylentetramin $(CH_2)_6 . N_4$).

## VII. Antipyretica.

Von einem Teil der phenolischen Desinficienzien haben wir gesehen, daß sie die Fähigkeit besitzen, die Temperatur des fiebernden Körpers herabzusetzen und bei Nerven- und Kopfschmerzen lindernd einzuwirken. Diese Antipyretica und Antineuralgica lassen sich nach Rosenthaler in drei Gruppen einteilen:

1. Antipyrin und seine Derivate,
2. Anilinverbindungen,
3. Chinin und dessen Abkömmlinge.

Bei allen diesen Präparaten müssen wir uns mit ihrer empirisch festgestellten Wirkung begnügen. Das Wesen ihrer therapeutischen Kraft ist uns unbekannt. Ob sie das die Temperatur des Körpers regulierende Nervenzentrum beeinflussen oder chemisch gewisse Toxine neutralisieren oder sonstwie den Stoffwechsel angreifen, entzieht sich unserer Erkenntnis. Es ist auch nicht gelungen, bestimmte Merkmale in dem Aufbau der chemischen Formel zu eruieren, aus denen ihre spezifische Wirkung zu schließen wäre.

Das älteste der heute gebräuchlichen Antifebrilia ist das Antipyrin, das 1884 von L u d w i g K n o r r synthetisch dargestellt worden ist und den eigentlichen Anlaß gab zu dem ungeahnten Aufschwung der synthetischen Kunst in der Herstellung neuer Arzneimittel.

Antipyrin und seine Derivate

Zum Verständnis des chemischen Aufbaues müssen wir uns eine Kerngruppe in Erinnerung bringen, die uns bei der Besprechung des Jodols begegnet war, die Pyrrholgruppe.

$$
\begin{array}{cc}
\text{NH} & \text{NH} \\
\text{HC} \quad \text{CH} & \text{N} \quad \text{CH} \\
\text{HC} \quad \text{CH} & \text{HC} \quad \text{CH} \\
\text{Pyrrhol} & \text{Pyrazol}
\end{array}
$$

$$
\begin{array}{ccc}
\text{NH} & \text{NH} & \text{NH} \\
\text{N} \quad CH_2 & \text{N} \quad \text{CO} & \text{HN} \quad \text{CO} \\
\text{HC} \quad CH_2 & \text{HC} \quad \text{CH} & \text{HC} \quad \text{CH} \\
\text{Pyrazolin} & \text{Pyrazolon} & \text{Isopyrazolon}
\end{array}
$$

Aus dem Isopyrazolon wird durch Einfügung einer Phenylgruppe ($C_6H_5$) und zweier Methylgruppen das Antipyrin

Antipyrin.

$$
\begin{array}{c}
NC_6H_5 \\
CH_3N \quad \text{CO} \\
CH_3C \quad \text{CH}
\end{array} = \text{Pyrazolonum phenyldimethylicum.}
$$

Die bitterlich schmeckenden, in Wasser leicht löslichen Krystalle haben lange Jahre fast ausschließlich die antipyretische Therapie beherrscht, bis böse Erfahrungen (Collaps, Exantheme) und vor allem die fortschreitende Mode mit ihren Neuerungen und schließlich bessere Präparate die Vorherrschaft des Antipyrins brachen.

Zur Synthese des Antipyrins gebrauchte K n o r r außer der

Acetessigsäure das Phenylhydrazin $C_6H_5NH.NH_2$, das aus dem Anilin

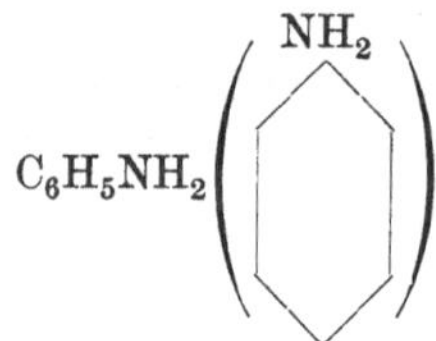



sich leicht ableitet. Phenylhydrazin wirkt zwar selbst antipyretisch, kann aber wegen seiner deletären Wirkung auf die Blutkörperchen in der Medizin keine Anwendung finden. Es war aber natürlich, daß es der Ausgangspunkt für zahlreiche Experimente zur Gewinnung neuer Antifebrilia wurde. Keines dieser Mittel wie das Acetyl-Benzoyl-Phenylhydrazin oder das Antithermin haben sich in der Praxis bewährt.

Bessern Erfolg brachte die Verbindung des Antipyrins mit organischen Säuren, ein Weg, der zur Gewinnung des Salipyrins (Antipyrin und Salicylsäure) führte. Aus den unerschöpflichen Bindungsmöglichkeiten des Antipyrins ergaben sich Chinotropin (Chinin und Antipyrin); dann Brom- und Jod-Antipyrinverbindungen u. a. Schließlich fand man ein Antipyrinderivat, das in der Tat von den bisher bekannten Antipyreticis zweifellos die besten Eigenschaften hat, das Pyramidon, das sich vom Antipyrin nur durch die Gruppe $N.(CH_3)_2$ unterscheidet. Das weiße, fast geschmacklose, in Wasser lösliche Pulver wird fast ausnahmslos gut vertragen, hat seltene und geringe Nebenwirkungen und verdankt seine Bedeutung der außerordentlich milden Wirkung. Die Temperatur fällt allmählich, um dann auch ebenso langsam wieder anzusteigen. Es wirkt ungefähr dreimal so stark wie Antipyrin, wird daher in entsprechender Dosis verordnet.

Die Erfolge des Pyramidons führten wieder zu zahlreichen Kombinationen (Verbindung mit Campher, Salicylsäure usw.), die aber bisher die Wirkung des Pyramidons nicht übertreffen, auch nicht das Trigemin (Pyramidon-Butylchloralhydrat), das mit großer Reklame als Specificum namentlich gegen Trigeminusneuralgien (daher der Name) gepriesen wurde, seine spezifische Wirkung aber wohl nicht nur in meiner Praxis sehr häufig nicht bewies, abgesehen davon, daß nur ein durchaus gesunder Magen mit dem Präparat fertig wird.

Wie erwähnt, spielt in der Synthese des Antipyrins das Phenylhydrazin, ein Abkömmling des Anilins ($C_6H_5.NH_2$), eine Rolle. Ebenso wie das Phenylhydrazin wirkt auch das Anilin antithermisch, kann aber gleichfalls wegen seiner Giftwirkung keine therapeutische Anwendung finden. Zur Abschwächung dieser Giftwirkung wurde das altbewährte Verfahren der Acetylierung, d. h. der Einführung des Essigsäureradikals in den Anilinkern, angewandt. Es entstand so das Acetanilid (Antifebrin), das deshalb weniger giftig als Anilin wirkt, weil dieses langsam aus der Essigsäureverbindung abgespalten wird. Die übrigen Verbindungen mit Ameisensäure, Benzoe-Salicylsäure usw. sind weniger wirksam, weil sie wenig oder gar nicht im Körper zerlegt werden.

Das Anilin, welches den Körper passiert, wird in p-Amido-phenol umgewandelt, eine weit weniger giftige Substanz. Es liegt auf der Hand, daß man sie als Ausgangspunkt für neue Antifebrilia benutzte. Der bekannteste Körper, der aus diesen Versuchen gewonnen wurde, ist das Phenacetin

$$= \text{Acetamidoäthylphenol.}$$

An Stelle der Essigsäure wurden wieder andere organische Säuren gesetzt, wodurch das Lactophenin (Verbindung mit Milchsäure), Citrophen (Citronensäure), Amygdophenin (Mandelsäure) u. a. gewonnen wurden.

Alle diese Präparate sind in Wasser schwer löslich, und obwohl diese Eigenschaft therapeutisch unwichtig ist, sind zahlreiche Versuche gemacht worden, lösliche Phenacetinderivate herzustellen. Am bekanntesten ist das in früheren Jahren häufig verwendete Phenocoll geworden, ein Präparat, welches durch Einführung der Amido-Essigsäure ($CH_2NH \cdot COOH$) an Stelle der Essigsäure entsteht. Das Phenocollum hydrochlorium ist in Wasser leicht löslich und wird wie Phenacetin gebraucht, ohne indes wesentliche Vorzüge zu besitzen.

In allen diesen Phenacetinderivaten waren die Substitutionen von Säuren und anderen Verbindungen an Stelle der Essigsäure in der p-Amidogruppe erfolgt. Es besteht aber auch die Möglichkeit, das Wasserstoffatom des Phenolhydroxyls durch Radikale zu ersetzen, ein Weg, der durch Einführung der Salicylsäure zur Gewinnung des Salophens führt. Von dem Anilin gehen noch eine große Reihe von Antipyreticis aus, wie z. B. Kryofin, Maretin, Thermodin usw. Keines derselben verdient aber vor den näher besprochenen besondere Bevorzugung.

Die dritte Gruppe der Antifebrilia bildet Chinin und seine Abkömmlinge. Die fatalen Nebenwirkungen des Chinins — äußerst bitterer Geschmack, Ohrensausen, Chininrausch — sind bekannt, so daß das Bestreben nach Ersatzpräparaten gerechtfertigt erscheint. Ihre Vorzüge liegen entweder in der Geschmacklosigkeit — dann kann es sich nur um unlösliche Präparate handeln, da alle löslichen sofort den typischen Chiningeschmack erkennen lassen — oder in der Vermeidung der übrigen Nebenwirkungen infolge langsamer Abspaltung und Resorption des Chinins.

Zu den wasserunlöslichen gehören außer den länger bekannten Salochinin (Ableitung ergibt sich aus Bezeichnung) und Chinin. tannicum die neuerdings gewonnenen Chininderivate Aristochin und Euchinin. Ersteres ist Dichininkohlensäure

$$\left( CO \left\langle {}^{OChinin}_{OChinin} \right. \right),$$

letzteres Äthyl-Chininkohlensäure

$$\left( CO \left\langle {}^{OC_2H_5}_{Chinin} \right. \right).$$

Aristochin ist ein weißes, völlig geschmackloses, weil unlösliches Pulver mit ca. $96\,^0/_0$ Chiningehalt, daher in ähnlichen Dosen wie Chinin gebräuchlich (1 g 65 Pf., Röhrchen mit 20 Tabl. à 0,5 4 M.). Euchinin, ca. $81\,^0/_0$ Chinin enthaltend, wird im Gegensatz zu dem bereits im Magen löslichen Aristochin erst im Darm gespalten, ist daher wegen Schonung des Magens bei Schwerkranken und Kindern besonders geeignet. Es ist etwas billiger als Aristochin. (1 g 40 Pf., Röhrchen mit 25 Tabl. à 0,5 4,50 M.).

Häufig wird subcutane Verabfolgung des Chinins erforderlich sein, in welchen Fällen man zu den in Wasser löslichen Verbindungen greifen muß. Das salzsaure und schwefelsaure Chinin ist zwar in Wasser löslich, aber schwer und verursacht bei der Injektion heftige Schmerzen. Leichter löslich ist das Chinin. bihydrobromicum und das über $60\,^0/_0$ Chinin enthaltende Chinin. glycerino-phosphoricum, das sich in heißem Wasser sehr leicht löst. *Chininum bihydrobromicum. Chininum glycerino-phosphoricum.*

Das Chinaphenin (Chinin $78\,^0/_0$ und Phenacetin) ist wasserunlöslich, das Chinopyrin (Chinin und Antipyrin) ist zwar löslich, aber in Verabfolgung per os giftig.

Das neuerdings mit großer Reklame angepriesene Extractum Chinae Nanning enthält $5\,^0/_0$ Chinin und soll ein besonders gutes Stomachicum sein, das meiner Erfahrung nach aber keine außergewöhnliche Wertschätzung verdient. *Extractum Chinae Nanning.*

# VIII. Neuere Abführmittel.

In der Pharmakotherapie können wir die interessante Beobachtung machen, daß zwischen einzelnen Medikamenten und Organen resp. Geweben bestimmte Beziehungen bestehen. Wir sehen die Einwirkung des Arsens auf die Haut, des Phosphors auf die Knochen, des Quecksilbers auf die Mund- und Darmschleimhaut. So haben wir auch bei den Schlafmitteln die Wahrnehmung machen können, daß bestimmten chemischen Konstitutionen die narkotisierende Einwirkung auf die Gehirnzellen zukommt. Ich erinnere nur an die Urethane und einzelne Aldehyde.

Die chemisch-pharmakologische Forschung hat die interessante Entdeckung gemacht, daß Abkömmlinge des Anthrachinons in den gebräuchlichen natürlichen Abführmitteln, wie Rhabarber, Aloë, Frangula, vorhanden sind, denen die die peristaltische Darmtätigkeit anregende Wirkung zuzuschreiben ist. Anthrachinon leitet sich von Anthrazen ab, das aus drei nebeneinander befindlichen Benzolringen besteht.

Anthrazen    Anthrachinon

Man hat nun gefunden, daß die Oxy-Anthrachinone die Darmperistaltik anregen, und zwar um so stärker, je mehr Hydroxyle vorhanden sind. So wirkt das Trioxy-Anthrachinon so stark auf die glatten Muskelfasern ein, daß Koliken entstehen. Die medizinische Anwendung ist nur dadurch möglich geworden, daß man das Trioxy-Anthrachinon in eine chemische Bindung brachte, aus welcher es sich im Darm allmählich abspaltet, und zwar benutzte man wieder das altbewährte Acetylierungsverfahren. Das Diacetyl-Trioxy-Anthrachinon ist das unter dem Namen **Purgatin** und neuerdings Purgatol bekannte Abführmittel. Das gelbrote Pulver ist wasserunlöslich, daher wendet man das Mittel gern in Form der Tabletten an, in Dosen von 0,5—1,0 (1 g 10 Pf.).

Ein anderes Abführmittel leitet sich von der Rufigallussäure ab

$$\text{O OH, OH, OH, OH, OH, OH} = \text{Hexaoxyanthrachinon}.$$

Wenn die sechs H-Atome der Hydroxylgruppen durch ebenso viele $CH_3$-Gruppen ersetzt werden, dann entsteht Rufigallussäurehexamethyläther.

**Exodin.** Dieses als Exodin bekannte Abführmittel wird in Tabletten à 0,5 g (1—3 Stück) gebraucht (Originalschachtel mit 10 Tabl. à 0,5 1 M.).

**Purgen.** Einem eigenartigen Zufall verdankt die Pharmakotherapie ein ausgezeichnetes Abführmittel, das Purgen. In Ungarn wurde

gesetzlich bestimmt, daß den aus Trestern bereiteten Kunst-
weinen zu ihrer Kenntlichmachung Phenolphthalein hinzugesetzt
werden sollte, welches bekanntlich als außerordentlich feiner
Indikator für Farbreaktionen geschätzt wird. Nun machte man
die eigenartige Beobachtung, daß diese Weine Durchfälle er-
zeugten, und es war nicht schwer, die Ursache hierfür in dem
Phenolphthalein zu finden. Dieses ist chemisch aus dem Methan

$$\begin{pmatrix} H & & H \\ & C & \\ H & & H \end{pmatrix}$$ abzuleiten, indem an Stelle dreier H-Atome je eine
Phenylgruppe tritt

$$\begin{pmatrix} CH_5 & & C_6H_5 \\ & C & \\ H & & C_6H_5 \end{pmatrix},$$

Phenolphthalein ist also Triphenylmethan, als Purgen in den
Arzneischatz aufgenommen, und zwar in Form von Tabletten
für Kinder (rosa) 0,05 g, für Erwachsene (gelb) 0,1 und für
Bettlägerige (groß eckig) 0.5 enthaltend. Auch das als Laxin-
konfekt empfohlene Präparat verdankt seine abführende Wirkung
lediglich seinem Gehalt an Phenolphthalein.


## IX. Diuretica.

Ein häufig benutzter Weg zur Gewinnung neuer Arzneimittel ist die Dartellung von chemischen Körpern, denen man
in bekannten Drogen das wirksame Prinzip zuschreibt. Die
Drogen enthalten neben der gewünschten Wirkung immer mehr
oder weniger unerwünschte Nebenwirkungen, die in der Regel
durch die unwirksamen Nebenprudukte verursacht werden. Der
unbestimmte Gehalt an wirksamer Substanz ist ein fernerer
Nachteil aller Drogenextrakte, deren Wirkung man durch Rein-
gewinnung der wirksamen Körper potenzieren will.

Von alters her ist bekannt, daß der Kaffee harntreibend
wirkt. Es gelang bald die Feststellung, daß die Wirkung dem
Coffein zukommt, einem Abkömmling des Xanthins, das aus
dem Harnstoff

$$\begin{matrix} H_2N \\ | \\ CO \\ | \\ H_2N \end{matrix} \quad \text{und der Cyanessigsäure} \quad \begin{matrix} COOH \\ | \\ CH_2N \\ | \\ C \end{matrix}$$

synthetisch dargestellt werden kann. Xanthin hat die Formel

$$\begin{array}{ccc} HN\!=\!CO & & \\ | & | & \\ OC & C\!-\!NH & \\ | & \| & \!\!\!\!\!\!>\!CH \\ HN\!-\!C\!-\!N & \end{array}$$

Zu beiden Seiten des Cyanessigsäurekerns befinden sich Radikale des Harnstoffes. Aus dem Xanthin wird durch Einfügung dreier $CH_3$-Gruppen das Coffein gewonnen, das die
Formel



$$\begin{array}{ccc} CH_3.N\!-\!CO & & \\ | & | & \\ OC & C\!-\!N.CH_3 & \\ | & \| & \!\!\!\!\!\!>\!CH \\ CH_3.N & C\!-\!N. & \end{array}$$

besitzt. Coffein ist also Trimethylxanthin. Daß an dieser
Formel die mannigfachsten Versuche zur Gewinnung neuer
Präparate angestellt worden sind, bedarf kaum einer Erwähnung, zumal die diuretische Wirkung des Coffeins im Vergleich zur analeptischen zu wünschen übrig läßt. Viel stärker
diuretisch wirken die Dimethylxanthine, von denen die Kombination

$$\begin{array}{ccc} HN\!-\!CO & & \\ | & | & \\ OC & C\!-\!N.CH_3 & \\ | & \| & \!\!\!\!\!\!>\!CH \\ CH_3.N & C\!-\!N & \end{array}$$



als Theobromin bekannt ist, während die Verbindung

$$\begin{array}{ccc} CH_3.N\!-\!CO & & \\ | & | & \\ OC & C\!-\!NH & \\ | & \| & \!\!\!\!\!\!>\!CH \\ CH_3.N & C\!-\!N & \end{array}$$



Theophyllin genannt wird.

So gering die chemischen Differenzen sind, so verschieden
ist dennoch die pharmakotherapeutische Wirkung. Während
das Theobromin die gehirnerregende Wirkung des Coffeins fast

gänzlich verloren hat, ist sie im Theophyllin (Theocin) so sehr erhalten, daß wiederholt epileptiforme Zuckungen nach Theocin beobachtet worden sind. Trotzdem sind beide Dimethylxanthine als ausgezeichnete Diuretica zu bezeichnen, besonders bei cardialer Entstehung des Hydrops. Von den Theobrominverbindungen haben sich zwei besonders in der Praxis bewährt, das Theobr. natrio-salicylicum (Diuretin genannt) und das Theobr. natrio-aceticum (Agurin). Diuretin.

Ersteres ist ein weißes, leicht hygroskopisches Pulver von süßsalzigem, etwas laugenartigem Geschmack. Es muß in großen Dosen (fünf- bis sechsmal täglich je 1 g) gegeben werden, am besten in den vollen Magen. Die diuretische Wirkung, die zuweilen selbst nach Versagen der Digitalis eintritt, ist häufig eine ausgezeichnete. Sie tritt in der Regel am zweiten Tage auf, erreicht am dritten bis vierten Tage den Höhepunkt, um nach Fortlassen des Mittels bald zu versiegen. Häufig ist die Darreichung in Kombination mit Digitalis geboten. So empfiehlt Eichhorst die Kombination: Pulv. fol. digit. 0,1 Diuretin 1,0 — drei- bis fünfmal täglich. Meiner Erfahrung nach empfiehlt sich die Anwendung des Diuretins besonders, wenn der Herzmuskel zu verzagen beginnt. Das Mittel scheint die letzten Kräfte des Herzmuskels herauszuholen. Diese Annahme erklärt meine Erfahrung, daß diejenigen Menschen, welche auf Diuretin reagieren, in ihrer Lebensdauer sehr begrenzt sind. Die Anwendung des Diuretins stößt zuweilen auf unüberwindliche Hindernisse; dies sind rasender Kopfschmerz und unstillbares Erbrechen. Selbst Kranke, die lange Zeit ohne Schaden immer wieder Diuretin gebraucht haben, müssen das zuweilen allein noch wirksame Präparat wegen der erwähnten Ursachen meiden. Das früher sehr teure Mittel ist jetzt billiger geworden (1 g 15 Pf., 10 g 1 M.).

Das Natrioaceticumsalz des Theobromins, Agurin, hat vor Agurin. dem Diuretin den Vorzug, daß es häufig vom Magen vertragen wird, wo letzteres Magenstörungen verursacht. Wahrscheinlich ist die unangenehme Einwirkung des Diuretins auf den Magen dem Gehalt an Salicylsäure zuzuschreiben. Auch die spezifische Wirkung der Präparate ist nicht ganz identisch, abgesehen davon, daß dem Agurin etwa $^1/_4$ des Theobromingehaltes mehr zukommt. Die Dosis des Agurins ist dementsprechend kleiner.

Da die Lösungen des Agurins sich trüben, verordnet man das Mittel am besten in Pulverform oder als Tabletten.

Barutin.     Das Theobromin. — Barium — Natrio-salicylicum, Barutin genannt, hat gegen die genannten Theobrominverbindungen den Nachteil, daß das Barium ein starkes Gift ist. Da es sonst keinerlei Vorzüge besitzt, ist die Anwendung nicht besonders zu empfehlen.

Theocin.     Den Theobrominverbindungen häufig an diuretischer Kraft weit überlegen ist das Theocin, das aber außer der erwähnten gehirnerregenden Wirkung — durch Chloralhydrat und ähnliche Mittel zu paralysieren — wegen seiner starken Reizwirkung auf die Magenschleimhaut gefürchtet wird. Viel besser bekömmlich ist das Natrioaceticumsalz, das am besten in Form von Suppositorien (à 0,3—0,4) gebraucht wird. (1 g Theocin 60 Pf.)

# X. Organische Gichtmittel.

In einem gewissen Zusammenhange mit den Diureticis stehen die Gichtmittel, insofern, als durch eine gute Diurese die Harnsäure und andere für den Organismus schädliche Abbauprodukte des Eiweißes eliminiert werden. Da uns das Wesen der Gicht unbekannt ist, können wir nur sagen, daß die Harnsäure bei der Gichterkrankung eine gewisse Rolle spielt. Wir wissen, daß Ablagerungen von unlöslichen Harnsäuresalzen stattfinden, können aber den intimen Zusammenhang der Depositionen mit dem krankhaften Stoffwechsel nicht übersehen.

Ebenso unklar wie unsere Kenntnis von dem Wesen der Gicht ist ihre Therapie. Ausgehend von der Idee, daß die Harnsäure durch Überführung in lösliche Verbindungen aus dem Körper entfernt wird, hat man Mittel gesucht, welche die harnsauren Salze lösen. Man hat sich den Trugschluß gefallen lassen, daß diejenigen Mittel, welche die harnsauren Salze im Reagensglase lösen, diese Eigenschaft auch im Körper entfalten müßten, ohne dabei zu bedenken, daß die Lösungsmittel doch den Angriffen des Stoffwechsels unterworfen sind. Wir mußten uns der Ansicht unterwerfen, daß die Lösungsmittel unverändert bis zu den Ablagerungsstellen der harnsauren Salze gelangen. Weiterhin ist zu bedenken, daß, wenn wirklich eine Lösung der Salze erfolgen würde, diese doch bei Anwesenheit von Natriumsalzen — und diese sind im Organismus allgegenwärtig — sofort mit Natrium unlösliche Bindungen eingehen müssen. Schließlich hat man die Beobachtung gemacht, daß die Lösungsmittel zum großen Teil ihre Wirkung selbst im Reagensglase verlieren, wenn gleichzeitig Chlornatrium enthalten ist.

Alle diese gerechtfertigten Bedenken haben es nicht vermocht, die bekannten Lösungsmittel der Harnsäure wie Lithium, Piperazin und Lysidin aus dem therapeutischen Schatz zu verdrängen. Die Harnsäure lösende Eigenschaft der Mittel an sich ist in der Tat z. T. in hohem Grade vorhanden. Es löst sich nach Rosenthaler

1 Teil saures harnsaures Natrium in 1150 Teilen Wasser,

1 „ saures harnsaures Lithium in 370 Teilen Wasser,

1 „ saures harnsaures Piperazin in 50 Teilen Wasser,

1 „ saures harnsaures Lysidin in 6 Teilen Wasser.

Piperazin ist Diäthylendiimin **Piperazin.**

$$NH \underset{CH_2-CH_2}{\overset{CH_2-CH_2}{<\quad>}} NH.$$

Es stellt stark hygroskopische Krystalle dar, bei Gicht und harnsaurer Diathese in Lösung mit viel Selterswasser zu verordnen, pro Tag 2 g (1 g 65 Pf., 10 g 5,25 M., 10 Originaltabletten à 1, 490 M.).

Dem Piperazin chemisch nahe verwandt ist das Lysidin, **Lysidin.** das so stark hygroskopisch ist, daß es als $50\,^0/_0$ige Lösung in den Handel gebracht wird. Verordnet werden 2—10 g pro Tag, gleichfalls in starker Verdünnung mit Selters- oder anderen Tafelwässern. (Lysidin in $50\,^0/_0$iger Lösung 10 g 2,70 M.).

Als Gichtmittel ist ferner die Chinasäure beliebt, deren **Chinasäure.** Anwendung von der Ansicht ausgeht, daß sie die Bildung der Harnsäure im Organismus herabsetzt. Wenngleich diese Behauptung vielfach bestritten worden ist, hat sich die Chinasäure in der Gichttherapie erhalten. Die Chinasäure, in Kirschen, Erdbeeren, Heidelbeerkraut und vor allem in der Chinarinde, aus der sie gewonnen wird, enthalten, ist Hexahydrotetraoxybenzoesäure.

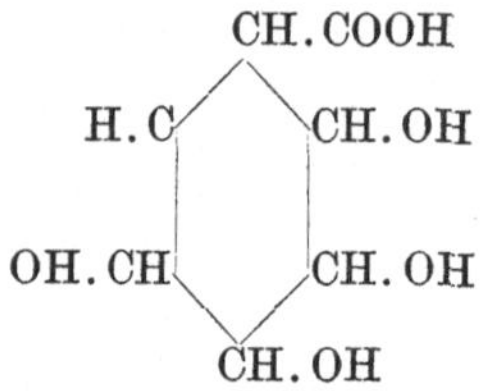

$$
\begin{array}{c}
\text{CH.COOH} \\
\text{H.C} \diagup \qquad \diagdown \text{CH.OH} \\
\\
\text{OH.CH} \diagdown \qquad \diagup \text{CH.OH} \\
\text{CH.OH}
\end{array}
$$

Das farblose, in Wasser leicht lösliche Pulver wird in Dosen von 0,5 g mehrmals täglich verabfolgt.

Trotz oder vielleicht gerade wegen der unsichern therapeutischen Begründung hat sich die chemische Industrie dieser erwähnten Gichtmittel angenommen und zahlreiche Kombinationen in den Handel gebracht. Man verband die China-säure mit dem Piperazin als chinasaures Piperazin — Sidonal genannt (1 g 95 Pf.!) — ferner mit Urotropin zu Chinatropin. Die chinasaure Lithiumverbindung wird Urosin genannt, die Vereinigung mit Harnstoff Urol. Da das Sidonal wegen des ungemein teuren Preises keine Verbreitung finden konnte, konstruierte man das Sidonal-neu, das trotz desselben Namens keine Ähnlichkeit mit seinem Namensvetter hat, da es kein Piperazin enthält. Alle diese Produkte, die mehr kaufmännischer Spekulation als pharmakotherapeutischer Begründung ihr Dasein verdanken, bedürfen noch reichlicher Erprobung zu ihrer Beurteilung und Bewertung.

## XI. Cardiaca, Baldrianpräparate und Balsamica.

In dem Coffein sahen wir ein Mittel, dessen diuretische Macht gegenüber der anregenden auf Hirn und Herz zurücktrat. Das machtvollste Cardiacum, einer der wertvollsten Heilschätze der Menschheit, ist die Digitalis. Der modernen Richtung erliegend, genügte die altbewährte Digitalistherapie nicht dem modernen ärztlichen Verlangen. Der Gehalt der Droge an wirksamer Substanz ist unbeständig und wechselnd. Man konstatierte, daß das wirksame Digitalisprinzip in den verschiedenen Pflanzen bei gleicher Herstellung zwischen 0,26 und $0,62\,^0/_0$ schwankte, fand, daß innerhalb eines Jahres die wirksamen Stoffe um $50—80\,^0/_0$ sich verringerten, so daß das Verlangen nach konstanten, genau bestimmten Dosierungsmöglichkeiten gerechtfertigt erschien. Die Mittel und Wege zur Erreichung dieses Zieles waren gegeben. Entweder mußte man die Droge selbst in eine beständige, an Wirkung sich gleichbleibende Form bringen oder die wirksamen Bestandteile rein darstellen.

Der ersten Forderung entsprechen die folia Digitalis conc. et pulv. von Dr. Siebert und Ziegenhain, Marburg. *Folia Digitalis concentrata et pulverisata.*

Die Produkte verschiedener Stauden wurden zu einer gleichmäßigen Mischung verarbeitet und, durch Austrocknung bis auf einen minimalen Feuchtigkeitsgehalt, einer Zersetzung und Verflüchtigung der wirksamen Stoffe vorgebeugt. Die therapeutische Wertung der Präparate wurde in der Weise vorgenommen, daß man die Mischung so einstellte, daß 0,04 100 g Froschherz zum systolischen Stillstand bringt. Auf diese Art hat man die Möglichkeit einer jederzeitigen Prüfung der Heilkraft des Präparates. Pro dosi werden 0,05 verordnet, drei- bis fünfmal täglich. Im Infus werden 1—1,5 pro die als Normaldosis bezeichnet. Auf ähnlichen Prinzipien beruhen die Folia Digitalis conc. von Caesar und Lorenz in Halle.

Im Gegensatz zu diesen Trockenpräparaten brachte Bürger einen wässerigen Auszug der Digitalis von angeblich konstanter Wirkung und mehrjähriger Haltbarkeit in den Handel als Digitalysatum Bürger. Der wässerige mit wenig Alkohol versetzte Extrakt enthält in 1 g = 25 Tropfen 0,2 Fol. Digit. *Digitalysatum Bürger.* Ordination: dreimal täglich 10—20 Tropfen. (Original-Tropfenflasche à 10 g kostet 1,25 M.)

Nicht zu verwechseln mit dem Digitalysatum Bürger ist das Digitalisdialysat von Golaz u. Comp., ein Präparat, welches *Digitalisdialysat.* durch Auspressung der frischen Blättersäfte und deren Dialysierung zu gleichem Gehalt an wirksamer Substanz gewonnen wird. Ordination: Dreimal täglich 20 Tropfen. (Originaltropfglas à 10 g kostet 1,50 M.)

Dem allgemein üblichen Zuge folgend, ging man nunmehr zur Gewinnung der wirksamen Stoffe über, als welche man das Digitalin und Digitoxin kennt. In diesen ungemein starken *Digitalin und Digitoxin.* Giften glaubt man das wirksame Prinzip der Digitalistherapie zu beherrschen. Es haften diesen Präparaten aber noch so viele mehr oder weniger bedeutungsvolle Mängel an, daß große Vorsicht und Zurückhaltung berechtigt ist. Von den sogenannten reinen Digitalinen sind die meisten keine chemisch einheitlichen Körper. So sagt man dem Digitalinum crystallisatum Nativelle, übrigens das giftigste Digitalispräparat, in Dosen von $^1/_4$ bis $^1/_2$ mg empfohlen, nach, daß es mit Digitoxin identisch sei. Von anderen Digitalinen sind bekannt das

Digitalinum germanicum amorphum, in Dosen von 0,001 bis 0,005, mehrmals täglich in Pillen;

das Digitalinum gallicum amorphum Homelle et Quevenne, in Dosen von $^1/_2$—1 mg, empfohlen, und schließlich

das Digitalinum verum Kiliani, Dosis $^1/_4$—1 mg mehrmals täglich.

Das Digitoxin, nach Cloetta das einzige wirklich in Frage kommende Glykosid der Digitalis, kommt in zwei verschiedenen Formen in den Verkehr: 1. Das Digitoxinum crystallisatum Merck, fast unlöslich, in Alkohol lösliche Krystalle bildend. Wegen der enormen Schmerzhaftigkeit bei subcutaner Applikation und großer Reizbarkeit auf die Magenschleimhaut ist die Darreichung in Form von Klysma empfohlen. Zwei Tabletten à $^1/_4$ mgr werden in 100 g lauwarmen Wassers nach Zusatz von 15 Tropfen Alkohol gelöst und zweimal täglich verabreicht.

Digalen.    Wohl das beste bisher bekannte Digitalisglykosid ist das Digitoxinum amorphum Cloetta, Digalen genannt, das wegen seiner Löslichkeit bequemer zu verabfolgen und leichter resorbierbar, daher schneller wirksam ist. Es kommt nur in Lösung in den Handel, mit 25 $^0/_0$ Glycerinzusatz. 1 ccm der Lösung = 25 Tropfen enthält 0,3 mg Digalen, 0,15 Folia Digitalis entsprechend. Verabreicht wird es entweder per os, in süßem Wein nach dem Essen (dreimal täglich 1 ccm) oder intramuskulär oder schließlich zur unmittelbaren Wirkung intravenös. Die subcutane Applikation ist wegen der großen Schmerzhaftigkeit nicht zu empfehlen. Je nach der erforderlichen Wirkung werden 1—3 ccm injiziert, bei intravenöser Injektion bis 10 g. Im Handel kursieren zwei Packungen in Originalflaschen, beide 15 ccm fassend, die eine mit graduierter Pipette (3,20 M.), die andere ohne diese (Spitalpackung 2,40 M.).

Wenn wir alle diese Ersatzpräparate übersehen, dann können wir den titrierten Drogenzubereitungen ihren Wert nicht absprechen. Zu warnen ist dagegen meiner Ansicht nach vor den Digitalinpräparaten, die alle wegen ihrer enormen Giftigkeit und noch ungenügender Wirkungsbreite einer eingehenderen Forschung bedürfen, während das Digalen bei schnell zu erreichender Wirkung intramuskulär oder besser intravenös indiziert ist. In allen anderen Fällen nicht kompensierter Herztätigkeit ist die Droge Folia Digitalis in Pulverform oder Infus noch immer allen sogenannten Reindarstellungen des wirksamen Prinzips weit überlegen. Wir erreichen fast ausnahmslos die gewünschte Digitaliswirkung ohne die Gefahr einer Vergiftung. Ich halte gerade den immer wieder erwähnten Nachteil der Digitalis, nämlich ihre erst am dritten oder vierten Tage eintretende Wirkung, für einen ungemein großen Vorzug vor den Glykosiden. Das Herz ist viel weniger gefährdet und vermag sich weit zweckentsprechender der durch Digitaliswirkung verursachten Umwälzung des gesamten Organismus anzupassen, wenn der Erfolg ganz allmählich sich vorbereitet und eintritt. Der enorme Antrieb auf die Herzkraft mag bei Lebensgefahr angezeigt sein, aber nicht in allen Fällen von gestörter Herztätigkeit. Ja, selbst der inkonstante Gehalt der Droge an wirksamer Substanz ist nicht so bedeutungsvoll, wie immer wieder hervorgehoben wird. Bei der Beurteilung der zu erwartenden Wirkung spricht doch nicht nur die Droge, das Heilmittel mit. Mindestens gleichbedeutend ist doch der andere Faktor, der zu beeinflussende kranke Organismus. Die Diagonale beider Kräfte ist ausschlaggebend für die Beurteilung. Ist die Droge weniger gehaltvoll an Wirkungskraft, dann muß eben das Heilmittel in größerer Dosis oder längerer Dauer gegeben werden. Wie bereits erwähnt, ist in der Regel der später einsetzende Erfolg nicht von Bedeutung. Häufig wird der eine Organismus auf schwächer wirkende Droge kräftiger und früher reagieren als ein anderer auf noch so starke Angriffsmittel.

Der gleiche Eifer, mit dem die wirksame Substanz der Digitalis gesucht wird, ward auch der chemischen Durchforschung der Baldrianwurzel zuteil. Die seit alters geschätzte sedative, die Reflexerregbarkeit herabsetzende Wirkung des Baldriantees glaubte man durch Gewinnung der Baldriansäure potenzieren zu können. Es erwies sich aber bald, daß die eigentümliche Wirkung wohl mehr dem in der Baldrianwurzel enthaltenen Borneol zukommt, und aus dieser z. Z. wenigstens

Neuere Baldrianpräparate.

Borneol.

geltenden Erkenntnis leitet sich die industrielle Ausnutzung des Baldrianprinzips. Die Unsicherheit in der Beurteilung der wirklichen Heilsubstanz führte zu Kombinationen beider Komponenten. Der Isovaleriansäureester des Borneols ist das als Bornyval bekannte Produkt, eine aromatische, schwach nach Baldrian riechende, in Wasser unlösliche Flüssigkeit, die als Füllung von Gelatinekapseln (à 0,25) in den Handel gebracht wird (mehrmals täglich 1—2 Kapseln).

Valyl.     Valerian-Diäthylamin wird Valyl genannt, eine unangenehm riechende, brennend, schmeckende Flüssigkeit, die gleichfalls zur Verdeckung ihrer unangenehmen Eigenschaften in Gelatinekapseln (à 0,125) gehüllt wird. (Mehrmals täglich 1 bis 2 Kapseln. Originalglas mit 25 Kapseln à 0,125 kostet 2 M.)

Validol.     Viel gerühmt wird der Baldriansäure-Mentholester, der mit Zusatz von $30^0/_0$ freiem Menthol als Validol empfohlen wird, eine farblose succöse Flüssigkeit mit kühlend brennendem Geschmack. (Mehrmals täglich 10 bis 15 Tropfen, 1 g 25 Pf.)

Diese erwähnten Vertreter der Baldrianindustrie dürften wohl als die bekanntesten gelten, weniger wegen ihrer besonders ausgezeichneten Eigenschaften, als der ausgedehnten Reklame, denen überhaupt zahlreiche Heilmittel ihre Bedeutung verdanken. Ich kann mich der Ansicht nicht verschließen, daß besser als all diese mit unangenehmen Eigenschaften behafteten und eminent teuren Kunstprodukte die altbewährten wässerigen, alkoholischen und ätherischen Auszüge der Baldrianwurzel wirken.

Balsamica.     Wenige neue Arzneimittel liefern uns die Balsamica, von denen eigentlich nur die Santalumpräparate sich der Gunst der Industrie erfreuen.

Die Balsamica bilden ein Gemisch verschiedener chemischer Einheiten. Es finden sich Terpene, zu denen das Santalen (zu $10^0/_0$ im ostindischen Sandelholzöl enthalten) gehört, welches die dem Sandelholzöl eigene Reizung der Magendarmschleimhaut und der Nieren vorzugsweise bedingt. Ferner kommen Terpenalkohole vor, unter diesen das reichlich vorhandene Santalol oder Gonorol; Harzsäuren, darunter Copaiva, Kawaharz und endlich Esterverbindungen der Terpene und Terpenalkohole. Nachdem man die reizerzeugende Wirkung des Santalens gefunden hatte, war der chemisch-pharmakologischen Industrie der Weg zu Ersatzpräparaten des Sandelholzöls gegeben, welche sich in der Behandlung der Gonorrhöe als Mittel gegen den Reizzustand der Schleimhaut der Harnwege bewährt hat. Man mußte also zur Vermeidung der schädlichen Nebenwirkungen das Santalen eliminieren. Gonorol ist reines Santalol; Gonosan ist die $20\,^0/_0$ige Lösung des Kawaharzes in Sandelöl; Santol (Salosantol) ist die $33\,^1/_3\,^0/_0$ige Lösung von Salol in Sandelöl; Santhyl endlich ist durch Esterifizierung des Santalols mit der Salicylsäure entstanden. Alle diese Präparate werden in Tropfen oder Kapseln (dreimal täglich 5—20 Tropfen) gegeben.

## XII. Organische Ersatzpräparate anorganischer Arzneimittel.

Von der Idee ausgehend, daß alle Heilmittel in organischer Form vom Organismus besser und leichter aufgenommen werden, hat man wohl alle anorganischen Mittel in organische Form zu bringen sich bemüht, nicht immer zum Besten der Kranken. Wir haben dieses Verfahren bei den Halogenen und Metallen verfolgen können und sehen es besonders bei den Schwefel-, Phosphor-, Arsen- und Eisenpräparaten.

Am besten ist der Schwefel in der organischen Bindung vertreten, so besonders in dem eine Zeitlang als Allheilmittel gerühmten Ichthyol. Gewonnen wird dieses besonders in der äußeren Schwefeltherapie schätzenswerte Präparat aus dem Ichthyolöl, einem Produkt, welches durch trockene Destillation eines im Karwendelgebirge (Tirol) reichlich vorhandenen Schiefers entsteht. Da der Schiefer Abdrücke von Fischen und anderen Wassertieren zeigt, so nannte man das Produkt (von ἰχϑύς) Ichthyol. Das Rohprodukt, zuweilen so reichlich im Gestein vorhanden, daß es in Form von Tropfen herausquillt, ist aus der Tiroler Volksmedizin durch seinen reichen Gehalt an nichtoxydiertem Schwefel Eigentum der wissenschaftlichen Medizin geworden. Der allgemeinen Verbreitung des bald besonders in der Hauttherapie ungemein geschätzten Heilmittels stand die Unlöslichkeit im Wasser hindernd im Wege, ein

Übelstand, der durch Sulfurierung, d. h. durch Behandlung mit konzentrierter Schwefelsäure, beseitigt wurde. Diesem einfachen Verfahren verdanken wir das leicht wasserlösliche Ammonium sulfoichthyolicum.

*Ammonium sulfoichthyolicum.* Es blieb dann noch die dankenswerte Aufgabe, dem Ichthyol den unangenehmen Geschmack und Geruch zu nehmen. Die Oxydation durch Wasserstoffsuperoxyd und andere starke Oxydationsmittel nahm mit dem unangenehmen Geruch auch die charakteristische Wirkung fort. Man griff mit Erfolg zu dem altbewährten Verfahren, das Ichthyol an Eiweiß, Formalin und Schwermetalle zu binden. Diesen Versuchen verdanken wir das *Ichthalbin*, Ichthyoleiweiß mit 40°/₀ Ichthyol-sulfosäure, ein geruchloses und beinahe geschmackloses, erst im Darm zu Pepton und Ichthyolsulfosäure zerfallendes Pulver, das zu 0,2—0,5 mehrmals täglich in allen Fällen angezeigt ist, in denen Hautaffektionen auf Darmstörungen zurückgeführt werden.

*Ichthalbin.*

*Ichthoform.* Ichthoform ist die Formaldehyd-Ichthyolverbindung, die außer der bei Ichthalbin erwähnten Indikation besonders bei tuberkulösen und typhösen Enteritiden häufig mit gutem Erfolg gegeben wird.

*Ichthargan.* Das Ichthargan, die Silberverbindung des Ichthyols, hat keine große Verbreitung gefunden, während die Eisenverbindung, das Ferrichthyol, die Vorzüge des Ichthyols mit denen des Eisens verbindet.

Der lange Jahre konkurrenzlos von einer Hamburger Firma beherrschte Vertrieb des Ichthyols hielt dessen Preis in solcher Höhe, daß Konkurrenzunternehmungen großen Gewinn versprachen. So sind denn auch in den letzten Jahren verschiedene dem Ichthyol gleichwertige Präparate hergestellt worden, entweder auf demselben Wege wie das Ichthyol — so das gleichfalls aus Tiroler Gestein dargestellte Petrosulfol — oder synthetisch wie das Thigenol, dessen Herstellung von den Fabrikanten geheim gehalten wird. Man weiß, daß die dunkle, dickölige wasserlösliche Masse das Natriumsalz einer Sulfosäure ist und wie das Ichthyol 10°/₀ organisch festgebundenen Schwefel enthält.

*Petrosulfol.*

*Thigenol.*

Zu Ichthyol ähnlichen Substanzen kam man durch Nutzbarmachung der Beobachtung, daß ungesättigte Kohlenwasser-

stoffe sich in der Hitze mit Schwefel verbinden. Auf diese
Weise wurde das Thiol gewonnen, indem man in das aus den　Thiol.
Braunkohlen stammende Gasöl bei großer Hitze Schwefel ein-
führte. Das Thiol, als Thiolum siccum in den Handel gebracht, wirkt dem Ichthyol ähnlich, aber schwächer, hat vor
diesem den Vorzug der Geruchlosigkeit und ferner darin, daß
es keine Flecken in der Wäsche hinterläßt und leicht ab-
wischbar ist.

Wenn an Stelle des Gasöles Mineralöle zur Sulfurierung
benutzt werden, gelangt man zur Gewinnung des dem Thiol
ähnlichen Tumenols. Der Preis aller dieser Präparate schwankt　Tumenol.
jetzt innerhalb geringer Grenzen: 10 g Thiol kosten 65 Pf.,
Tumenol 75 Pf., Ichthyol 85 Pf.

Von den organischen Phosphorverbindungen hat die größte　**Organische**
Verbreitung die Glycerin-Phosphorsäure gefunden. Die thera-　**Phosphor-**
**verbindungen**
peutische Begründung ist für den ersten Augenblick bestechend,　Glycerin-
vermag aber näherer Betrachtung nicht standzuhalten. Die　phosphorsäure
physiologische Chemie lehrt uns, daß die Glycerinphosphorsäure der wesentlichste Bestandteil des Lecithins ist, welches
sich reichlich im Gehirn, ferner im Blut und in der Galle
findet. Nun lag der Schluß nahe, daß keine Phosphorverbindung eine günstigere Wirkung im Organismus entfalten könnte,
als die im Körper enthaltene adäquate Substanz. Wenn man
aber bedenkt, daß wir das Lecithin, das z. B. im trockenen
Eigelb zu $17^0/_0$ enthalten ist, in großer Menge mit unserer
Nahrung aufnehmen, dann wird die therapeutische Beurteilung
anders sich gestalten. Wir können uns der Ansicht nicht verschließen, daß in Lecithin oder den glycerinphosphorsauren
Salzen der Phosphor so fest gebunden ist, daß er im Organismus nicht in genügender Menge abgespalten wird und daher
nicht zur Wirkung kommt. Nicht anders ist sonst die Tatsache zu erklären, daß die therapeutische Dosis des Phosphors
sich in Milligrammen bewegt, daß die Gewerbehygiene sich um
die unwägbaren Phosphormengen mit größter Sorge bekümmern
muß, daß wir aber schad- und wirkungslos relativ große
Mengen von organich gebundenem Phosphor unserem Körper
einverleiben können. Immerhin müssen wir zum Verständnis
der modernen therapeutischen Bestrebungen uns die Wege
skizzieren, die zu neuen angeblichen Heilmitteln führen.

Die Phosphorsäure $PO{-}\begin{smallmatrix}OH\\OH\\OH\end{smallmatrix}$ kann entsprechend ihren drei

OH-Gruppen dreifache Verbindung mit dem Glycerin

$$\left(C_3H_5{-}\begin{smallmatrix}OH\\OH\\OH\end{smallmatrix} = \text{dreiwertiger Alkohol}\right)$$

eingehen.

$$C_3H_5\begin{smallmatrix}OH\\OH\\OH\end{smallmatrix} + \begin{smallmatrix}OH\\OH\\OH\end{smallmatrix}PO = H_2O + C_3H_5\begin{smallmatrix}OH\\OH\\O.PO{<}\begin{smallmatrix}OH\\OH\end{smallmatrix}\end{smallmatrix}$$

Obige Formel ergibt das Produkt je eines Moleküls des Glycerins und der Phosphorsäure, in einfacher Bindung deren Monoester oder Glycerinphosphorsäure genannt. Es ist ohne weiteres ersichtlich, daß noch weitere zwei Hydroxylgruppen unter Abspaltung von Wasser sich anklammern können, so daß wir den Diester und Triester der Glycerinphosphorsäure gewännen. Medizinisch gebräuchlich ist nur der Monoester, die Glycerinphosphorsäure, die wegen ihrer leichten Zersetzlichkeit in ihren Salzverbindungen verwendet wird. Die therapeutisch wichtigste Verbindung ist das Kalksalz, glycerinphosphorsaures Calcium, Neurosin genannt, ein weißes, in Wasser schwer lösliches Pulver (dreimal täglich 0,2—0,4). Daß auch das Natrium-Kalium-Ammoniumsalz der Glycerinphosphorsäure eifrig empfohlen worden ist, erscheint nicht wunderlich.

Um möglichst im Rahmen der natürlichen Phosphorverbindungen zu bleiben, hat man eine Verbindung des Phosphorsäureanhydrids ($P_2O_5$, entstanden aus zwei Molekülen Phosphorsäure

$$PO{-}\begin{smallmatrix}OH\\OH\\OH\end{smallmatrix}\quad\Big|\quad PO{-}\begin{smallmatrix}OH\\OH\\OH\end{smallmatrix} = P_2O_5)$$

mit Eiweiß hergestellt und unter dem Namen Protylin in den Protylin. Verkehr gebracht. Zur angeblichen Potenzierung der Wirkung wurden in diese Substanz Brom, Eisen, Arsen und andere Körper eingeführt und dadurch neue Namen von mehr oder weniger großer Bedeutung gewonnen.

Noch „natürlicher" ist eine organische Phosphorverbindung, die als Phytin bekannt geworden ist. Sie findet sich in allen Phytin. Keimprodukten der Pflanzenwelt und ist das saure Calcium- und Magnesiumdoppelsalz der organischen Phosphorverbindung.

Mehr Bedeutung haben die organischen Ersatzpräparate Organische<br>Arsen-<br>verbindungen der Arsensäure

$$\left( AsO \begin{matrix} \diagup OH \\ -OH \\ \diagdown OH \end{matrix} \right)$$

gewonnen. Es ergab sich aus zahlreichen Versuchen, daß man zu therapeutisch brauchbaren Substanzen gelangte, wenn die Hydroxylgruppen der Arsensäure durch $CH_3$-Gruppen ersetzt werden. Es sind folgende chemische Möglichkeiten vorhanden:

| $AsO \begin{matrix} \diagup OH \\ -OH \\ \diagdown OH \end{matrix}$ | $AsO \begin{matrix} \diagup CH_3 \\ -OH \\ \diagdown OH \end{matrix}$ | $AsO \begin{matrix} \diagup CH_3 \\ -CH_3 \\ \diagdown OH \end{matrix}$ | $AsO \begin{matrix} \diagup CH_3 \\ -CH_3 \\ \diagdown CH_3 \end{matrix}$ |
|---|---|---|---|
| Arsensäure | Methylarsinsäure | Dimethyl-<br>arsinsäure | Trimethyl-<br>arsinoxyd |

Von diesen Verbindungen ist nur das Natriumsalz der Methyl- arsinsäure (als Arrhenal) und vor allem die Dimethylarsinsäure, Arrhenal. Kakodylsäure genannt, therapeutisch empfohlen worden. Vor Kakodylsäure. wenigen Jahren mit großer Begeisterung an Stelle der un- organischen Arsenpräparate empfohlen, finden sich neuerdings immer mehr Stimmen, welche die größere Wirksamkeit und Zuverlässigkeit der arsenigen Säure preisen. In der Kakodyl- säure resp. in ihrem am häufigsten gebräuchlichen Natriumsalz, ist das Arsen so fest gebunden, daß es im Organismus nur in ganz geringer Menge abgespalten wird. Nur so ist es erklär- lich, daß selbst 1 g kakodylsaures Natrium anstandslos ge- nommen werden kann, obwohl es etwa $^2/_3$ Arsengehalt von dem der arsenigen Säure enthält.

Am meisten empfehlenswert ist die subcutane oder in- travenöse Verabfolgung des Natr. kakodyl. in $5\%$iger Lösung, mit täglich $^1/_2$—1 Spritze beginnend und allmählich bis auf die dreifache Dosis steigend.

Die Darreichung per os und per rectum ist nicht empfehlenswert, da im Darm das stark reizende und dem Atem einen knoblauchartigen Geruch verleihende Kakodyloxyd entsteht. Nach den erwähnten Eigenschaften ist es nicht verwunderlich, daß ein großer Teil der Kakodylsäure unzersetzt im Harn nachweisbar ist. Das Kalium-Calcium-Ferrum-kakodylicum sei nur der Vollständigkeit halber erwähnt.

Atoxyl.

Mehr Freunde als die Kakodylsäure besitzt das Metaarsensäureanilid, Atoxyl genannt, das durch folgende chemische Ableitung charakterisiert wird.

$$AsO - \begin{cases} OH \\ OH \\ OH \end{cases} = \text{Arsensäure.}$$

Durch Abspaltung von $H_2O$ entsteht Metaarsensäure $AsO_2.OH$

$$C_6H_5NH_2 = \text{Anilin;} + AsO_2.OH = H_2O +$$
$$+ C_6H_5NHAsO_2 = \text{Metaarsensäureanilid.}$$

Atoxyl ist ein weißes, wasserlösliches Pulver, das trotz großen As-Gehaltes ($38\,^0/_0$ As) wegen seiner geringen und langsamen As-Abspaltung in gleich großen Dosen wie das kakodylsaure Natrium in subcutaner Verabfolgung gebraucht wird.

Organische Eisen-verbindungen.

Legion ist die Zahl der organischen Eisenverbindungen, welche vor den unorganischen bessern Geschmack, leichtere Bekömmlichkeit und intensivere Wirkung voraus haben sollen. Als erwiesen gilt, daß sowohl unorganische wie organische Eisenpräparate resorbiert werden und gegen Chlorose und manche Formen der Anämie wirksam sind. Ob aber das Eisen assimiliert wird, d. h. an dem innern Zellenleben organisch teilnimmt, oder aber, ob es nur einen formativen Reiz auf die blutbildenden Organe ausübt, darüber ist völlige Erkenntnis nach dem heutigen Stand unserer Wissenschaft nicht möglich. Der Mensch braucht nach allgemeiner Annahme pro Kilo und Tag 0,15 mg Eisen, d. h. ein Mann von 70 kg braucht ca. 0,01 g Fe. Wenn wir nun bedenken, daß 100 g getrocknete Äpfel 0,013 g Eisen, 100 g Spinat (trocken) ca. 0,04 g Fe enthalten, also die vierfache Menge des für einen Normalmenschen erforderlichen Eisengehaltes, dann müssen wir eingestehen, daß uns das essentielle Wissen über die erfahrungsgemäß prompte Eisenwirkung bei Chlorose und Anämie fehlt.

Vielen anorganischen Eisenverbindungen haften in der Tat erhebliche Mängel an. Einige schmecken schlecht, wirken ätzend auf die Magenschleimhaut und schädigen die Zähne. Diese üblen Nebenwirkungen sind aber durch Auswahl bekömmlicher anorganischer Präparate, deren es eine große Zahl gibt, und durch zweckmäßige Darreichungsart (Pillen, Tabletten) zu umgehen. Der Zug der Zeit erforderte aber organische Eisenverbindungen, die täglich in neuer Gestalt die Menschheit überfluten. Der einfachste Weg war, nachdem die Eisensalze organischer Säuren, wie Ferrum benzoicum, lacticum, citricum usw., wegen zu leichter Fe-Abspaltung versagt haben, die Bindung des Eisens an Eiweiß, und da besitzen wir so viele Kombinationen, als es Eiweißarten gibt. Die einfachste Verbindung ist der Liquor ferri albuminati, eine (0,4 % Fe enthaltende) rotbraune Flüssigkeit. Die Peptonverbindung führte zum Ferrum peptonatum dialysatum siccum, das zur subcutanen Verabfolgnng sich eignet (0,1—0,2 mehrmals täglich). Durch Einfügung des Mangans, dem man eine günstige Einwirkung auf die Blutbildung nachsagt, gewann man den Liquor Ferri-Mangani peptonati, dessen Wirkung man durch Jod- oder Calciumangliederung zu steigern suchte. In allen diesen Fe-Verbindungen ist Fe locker gebunden und wird im Magen abgespalten, wo es sich mit der Salzsäure zu $FeCl_2$ (Eisenchlorid) verbindet. Da die Fe-Abspaltung und $FeCl_2$-Bildung aber nur allmählich stattfindet, erfolgt auch keine ätzende Wirkung auf die Magenschleimhaut.

Eisensalze organischer Säuren.

Eiweißverbindungen des Eisens.

Eine zweite Gruppe der organischen Eisenverbindungen bilden die Tinkturen, von denen die Athenstädtsche Eisentinktur (0,2 % alkalifreier Eisenzucker, 16 % Alkohol) am bekanntesten geworden ist. Die Tinctura ferri composita, der Vinum Ferri glycerino-phosphorici gehören hierher.

Eisentinkturen.

Um aber möglichst natürliche Eisenverbindungen zu gewinnen, griff man zu derjenigen Substanz, welche feste organische Fe-Bindung besitzt, tierisches Blut. Dieses wurde defibriniert, durch verschiedene Verfahren gereinigt, desodoriert und durch Glycerin-, Alkoholzusatz, eventuell durch Sterilisierung haltbar gemacht. Dieses Verfahren führte zu den Hämatogenen, von denen Hommels Präparat sich die meisten An-

Eisenhaltige Produkte aus dem Blute.

Hämatogene.

5*

hänger erworben hat. Da diesen Produkten doch immer ein
geringer Blutgeschmack anhaftet, ging man dazu über, das
Hämoglobin, den Träger des Eisengehaltes, zur therapeutischen
Anwendung herzurichten. Das von Cloetta dargestellte Bioferrin ist ein flüssiges Hämoglobinpräparat, desgleichen die Eu-
biose, welche durch $CO_2$-Imprägnierung und $5\,\%$ Alkohol
haltbar gemacht ist. Hierher gehören auch das Hämoglobin-
Radlauer, das unlösliche Roborin, Sanguinal und Hämatin-
albumin, ein von Niels Finsen empfohlenes Hämoglobinpräparat mit $89,5\,\%$ Eiweißstoffen, $0,475\,\%$ Eisenoxyd und
$0,65\,\%$ $P_2O_5$ (Phosphorsäureanhydrid).

Um die Eisenverbindung noch mehr zu differenzieren, ging
man zur Darstellung des Abkömmlings des Hämoglobins, des
Hämatins über, das vor den Hämoglobinpräparaten besseren
Geschmack und leichtere Bekömmlichkeit voraushaben soll.
Vertreter dieser Gruppe sind die von Kobert dargestellten
Hämol- und Hämogallolverbindungen, welche durch Reduktion
mittels Zink resp. Pyrogallol gewonnen sind.

Eine besondere Gruppe bilden Ferratin und Triferrin.
Ersteres ist angeblich eine Ferrialbuminsäure, welche auch in
Natrium-, Jod- und andern Verbindungen hergestellt ist, das
Triferrin ist das Eisensalz der Paranucleinsäure, eines Spaltungs-
produktes des Kuhmilchcaseins. Es enthält $22\,\%$ festgebun-
denes Fe und $2\,\%$ Phosphor. Da es im Magensaft unlöslich,
in alkalischer Flüssigkeit sehr leicht löslich ist, gilt es mit
Recht als sehr empfehlenswertes Eisenmittel.

Da unmöglich alle erwähnten und empfohlenen Eisenpräparate Anspruch auf besondere Wertschätzung erheben
können, andererseits bei vielen Ärzten gar kein Bedürfnis nach
organischen Eisenverbindungen vorliegt, bleibt bei der Auswahl
des Eisenmittels als ausschlaggebend der Geschmack, die Bekömmlichkeit, der Preis und, wie Umber mit Recht sagt, die
persönliche Liebhaberei.

# XIII. Alkaloide.

Die chemische Forschung, welche die Aufgabe gelöst hat,
Zucker synthetisch darzustellen, welche sich auch erkühnt, das
Eiweißmolekül in seinem kunstvollen und komplizierten Bau

zu erforschen, ein Problem, welches die Grundlagen der sozialen Weltordnung zu erschüttern vermag, sie hat auch die Konstitution der Alkaloide durchforscht, mit solchem Erfolg, daß einige selbst synthetisch dargestellt worden sind. Wo dieses Ziel nicht erreicht worden ist, gelang es, Körper von ähnlicher Wirkung aber verschiedener Konstitution darzustellen, oder man gewann durch mehr oder weniger eingreifende Änderungen der chemischen Formel neue oder ähnlich wirkende Heilmittel.

Dem Morphin haften Eigenschaften an, welche häufig nicht erwünscht sind. Es wirkt zuweilen zu intensiv einschläfernd, erzeugt Erbrechen und hemmt die Reflexerregbarkeit über das gewünschte Maß hinaus. Großen Fortschritt brachte daher die Entdeckung, daß durch die Einfügung der $CH_3$-Gruppe in das Morphinmolekül ein Körper von ähnlicher aber weit schwächerer Wirkung wie das Morphin gewonnen wird, das Codein (Codein ist also Methylmorphin). Es wirkt weit weniger einschläfernd, wird fast ausnahmslos vertragen, wo Morphin-Idiosynkrasie besteht, und setzt den Hustenreflex nur so weit herab, daß der Reizhusten beseitigt wird. Wenn an Stelle des Methyls die Äthylgruppe in das Morphin eingefügt wird, gelangt man zum Dionin, das in der Wirkungskraft zwischen Morphin und Codein steht. Das Benzylmorphinhydrochlorid ist Peronin, ein dem Dionin fast gleichwertiges Präparat. In allen diesen Körpern ist die Einfügung der Alkoholradikale

$$(CH_3OH \quad C_2H_5OH \quad C_6H_5CH_2OH)$$

in einen dem Morphin innewohnenden Phenolkern erfolgt. Außer der die Angliederung ermöglichenden phenolischen Hydroxylgruppe besitzt die Morphinformel die alkoholische Hydroxylgruppe, deren Wasserstoffatom gleichfalls Radikale aufnehmen kann. Nehmen nun beide Wasserstoffatome, sowohl der phenolische wie der alkoholische, Radikale z. B. der Essigsäure auf, so entsteht Diacetylmorphin, Heroin genannt, ein ziemlich giftiges Präparat, dessen größte Einzeldosis 0,01 und maximale Tagesdosis 0,025 g ist. Sein Vorzug soll in der spezifischen Einwirkung auf das Atemzentrum liegen, daher die Empfehlung gegen Atemnot. In dieser Wirkung liegt aber auch die Gefahr des Mittels, da verschiedene Berichte über Lähmung des Atem-

Morphin-<br>derivate.

Codein.

Dionin.

Peronin.

Heroin.

zentrums vorliegen. Ich selbst verfüge über eine derartige traurige Erfahrung.

**Apoalkaloide.**    Aus allen diesen Präparaten wird durch Ausschaltung von $H_2O$ mittels Salzsäure oder Zinkchlorid eine Untergruppe gewonnen, die Apoalkaloide. Am meisten gebraucht wird das **Apomorphin.** Brechmittel Apomorphin, während Apokodein usw. weniger Bedeutung erlangt haben. Zur Ausschaltung einiger unerwünschter Nebenwirkungen des Apomorphins (Schwächung der Herzkraft und krampfhafter Brechreiz) hat man das Methylapomorphin-**Euporphin.** bromid oder Euporphin als Brechmittel in die Therapie eingeführt, ein Präparat, das zu den quaternären Ammoniumbasen gehört. Da in der Neuzeit aus dieser chemischen Gruppe mehrere Vertreter therapeutisch nutzbar gemacht worden sind, müssen wir kurz die chemische Eigenart charakterisieren.

Unter quaternären Ammoniumbasen versteht man solche Basen, in denen von den vier Valenzen des Stickstoffes keine an Wasserstoff direkt gebunden ist. Sie entstehen aus den tertiären Basen durch Angliederung eines Moleküls Alkohol an den Stickstoff. So ist z. B.

$$N \underset{\diagdown CH_3}{\overset{\diagup CH_3}{-CH_3}} = N(CH_3)_3 = \text{Trimethylamin}$$

eine tertiäre Base, aus welcher durch Angliederung eines Moleküls Methylalkohol $HN(CH_3)_4 \cdot OH = $ Tetramethylammonium-hydroxyd entsteht, das Beispiel einer quaternären Ammonium-base.

Außer dem erwähnten Euporphin gehören in diese chemische Gruppe zwei Abkömmlinge des Atropins, das Methyl-atropinbromid

$$\text{Atropin } N \underset{\diagdown Br}{\overset{\diagup CH_3}{-CH_3}}$$

und das Methylatropinnitrat

$$\text{Atropin } N \underset{\diagdown NO_2}{\overset{\diagup CH_3}{-CH_3}}$$

Eumydrin genannt, das ebenso wie das dem Atropin nahe-
stehende Homatropin als Erweiterungsmittel der Pupille benutzt wird.

Zu den Alkaloiden, welche durch chemische Forschungen
zu Bereicherungen unseres Arzneischatzes führten, gehören die
aus dem Mutterkorn und dem Hydrastisrhizom gewonnenen
Substanzen.

Aus dem Secale cornutum wurden 1884 von Kobert das  *Secale*
Sphacelotoxin und das Cornutin dargestellt. Ersteres ist ein  *cornutum.*
eminent starkes Gift, das auch die durch Mutterkornvergiftung
gefürchtete Gangraen erzeugt, während das Cornutin Krämpfe
auslöst. Da beide Körper wasserunlöslich sind, im wässerigen
Auszuge aber die Wehentätigkeit anregende Substanzen vorhanden sind, mußte noch ein anderer Stoff als die beiden oben
genannten in dem Secale enthalten sein, der schließlich auch
vor wenigen Jahren in dem wehenanregenden Clavin entdeckt
wurde. Im Gegensatz zu den anderen im Secale enthaltenen
Alkaloiden hat sich das Clavin, soweit bis jetzt ein abschließen-  *Clavin.*
des Urteil möglich ist, bewährt, und zwar am besten subcutan
in gleicher Dosis wie Morphium (0,03 pro dosi, 0,1 pro die).
Von den übrigen Secalepräparaten haben sich als beste die
Fluidextrakte erwiesen, sowohl das einfache Extractum sec.  *Extractum s*
corn. fluid. (10—15 Tropfen alle 15 Min. bis zur Wirkung) als  *corn. fluidun*
auch besonders das Extr. sec. corn. dialysatum Golaz, ein be-  *Extr. sec. cor*
sonders reines Präparat, das in $10^0/_0$ Lösung (mit Zusatz von  *dialysatum*
$1^0/_0$ Acid. carb.) subcutan verabfolgt wird.  *Golaz.*

Aus dem Hydrastisrhizom sind gleichfalls drei Alkaloide  *Hydrastis-*
dargestellt worden, das Kanadin, Berberin und Hydrastin, aus  *und ähnlich*
welchem durch Oxydation das wirksamere Hydrastinin ge-  *Präparate.*
wonnen wird. Während das Secale und seine Produkte vor-  *Hydrastinin*
wiegend auf die Uterusmuskulatur einwirkt, ist die hauptsäch-
lichste Wirkungssphäre des Hydrastinins die Ringmuskulatur
der Gefäße und neben dieser die Uterusmuskulatur. Das
brauchbare Präparat wird in seiner Bedeutung durch den
enormen Preis (0,1 g kostet 90 Pf.!) beeinträchtigt, da es in
$10^0/_0$ Lösung ($^1/_2$—1 Pravazspritze) angewandt wird.

Dem Hydrastinin chemisch sehr nahe steht das Kotarnin
(vom Hydrastinin nur durch $OCH_2$ unterschieden), das in seinem
salzsauren Salz das weit billigere Stypticin bildet. Dieses wird  *Stypticin.*

entweder in $10^0/_0$ iger Lösung oder in Form von Tabletten (à 0,05 drei- bis fünfmal täglich 1—2 Tabletten) angewandt (Originalröhrchen mit 20 Tabletten à 0,05 1,50 M.).

Ähnlich wirkt die Verbindung des Cotarnins mit Phthalsäure,

$$\left(C_6H_4\diagdown^{\text{COOH}}_{\text{COOH}}\right)$$

Styptol.     Styptol genannt, das in gleicher Form und Dosis wie das Stypticin gebraucht wird.

## XIV. Salbengrundlagen.

Mit den Alkaloiden hätten wir — abgesehen von dem noch zu besprechenden Suprarenin — alle Heilmittel von Bedeutung erwähnt, welche als chemische Einheiten aufzufassen sind. Nunmehr kämen wir zu drei Gruppen von therapeutisch wirksamen Substanzen, welche Konglomerate verschiedener chemischen Individuen darstellen: die Salbengrundlagen, die Organpräparate und die Heilsera.

In der ersten Gruppe brachte die Neuzeit an Stelle der wasserunlöslichen, von der Haut nicht resorbierbaren, leicht ranzig werdenden tierischen Fette, wie Schweine-, Bären-, Hirschfett, wertvolle Bereicherungen der Therapie.

Vaselin.     Das Vaselinum americanum flavum et album ist eine den Paraffinen zugehörige geschmeidige zweckmäßige Salbengrundlage, welche aus Petroleumrückständen gewonnen wird. Ihre Vorzüge bestehen in der Geschmeidigkeit und vor allem in der Unzersetzlichkeit. Ein Ranzigwerden ist ausgeschlossen. Als Nachteile ist die Unfähigkeit aufzufassen, sich mit Wasser zu mischen, ferner der niedrige Schmelzpunkt $(32—35^0)$.

Frei von diesen Nachteilen ist eine Salbenmasse, welche von Griechinnen und Römerinnen bereits gebraucht — als *οἴσυπος* resp. Oesypum — völlig der Vergessenheit anheimfiel, bis Liebreich vor einigen Jahrzehnten sie wiederentdeckte,

Lanolin.     das Wollfett, Lanolin genannt. Bei der außerordentlichen Bedeutung des Präparates ist es gerechtfertigt, die Gewinnung kurz zu skizzieren.

Die fettähnliche Masse, aus organischen Säuren, besonders Fettsäuren, Alkoholen, Cholestearin und einigen anderen oxysäureähnlichen Bestandteilen zusammengesetzt, findet sich im Wollhaar der Schafe, zuweilen in solchen Mengen, daß es tropfenweise abzudrücken ist. Diese Masse rein zu gewinnen, gibt es zwei Möglichkeiten: entweder sie chemisch zu extrahieren, da sie in Fettlösungsmitteln, wie Äther und Schwefelkohlenstoff, löslich ist, oder durch Wollwäschereien mechanisch zu produzieren. Letztere Methode hat sich, da die chemischen Stoffe das Präparat schädigten, in der Praxis bewährt und eingebürgert. Das Extraktionswasser erhält einige unschädliche Zusätze von Seife, Soda und anderen Stoffen und wird zur Trennung der Zentrifugenwirkung unterworfen, welche Schmutz, Seifenwasser und Fett trennt. Letzteres wird gebleicht, desodoriert und verschiedenen Reinigungsprozeduren unterzogen, bis es als Lanolin in den Verkehr gebracht wird, und zwar in drei Formen:

1. Adeps lanae anhydricus,
2. Adeps lanae cum aqua ($25\,^0/_0$ Wasser enthaltend),
3. Unguentum adipis lanae (zu 100 Teilen Lanolin je 25 Teile Wasser und Olivenöl).

Das Lanolin, eine hellgelbe salbenartige Substanz, ist nicht eigentlich in Wasser löslich, sondern mit Wasser mischbar, derart, daß es große Mengen $H_2O$ aufnehmen kann. Mit dem Wasser kann man natürlich auch in diesem enthaltene Stoffe dem Lanolin einverleiben, welches von der Haut resorbiert wird, daher ein gutes Vehikel für Arzneistoffe darstellt. Die Eigenschaft der Unzersetzlichkeit teilt es mit dem Vaselin, vor dem es die erwähnte Resorptionsfähigkeit von der Haut aus, ferner die Mischbarkeit mit Wasser und schließlich den höheren Schmelzpunkt ($36$—$42\,^0$) voraus hat. Ein Vorzug, den es mit dem Vaselin teilt, bedarf noch der Erwähnung. Beide Substanzen bieten Bakterien keinen Nährboden und schützen die eingeriebenen Hautflächen vor Bakterieneinwanderung.

Die rege chemisch-pharmalogische Industrie hat sich auch mit diesen ausgezeichneten Salbengrundlagen nicht begnügt, sondern ergeht sich noch fortdauernd in Versuchen nach besseren Präparaten. Von Liebreich ist eine Salbengrundlage mit dem Namen Fetron angegeben worden, welche durch Zu-

Fetron.

satz von $3\,^0/_0$ Stearinsäureanilid zu Vaselin gewonnen wird. Der Zusatz bringt den Schmelzpunkt der Masse auf $65-70^0$ und ermöglicht eine Wasseraufnahme in beträchtlicher Menge.

**Mollin.**
**Resorbin.**
Das Mollin (überfettete Kaliseife mit Glycerin) ist eine milde, weiche Salbengrundlage, die noch vom Resorbin übertroffen wird, welches ein Gemenge von Lanolin, Gelatine, Mandelöl, Wachs und Seife darstellt. Die leichte Resorptionsfähigkeit dieser Masse ist benutzt worden, das Quecksilber leichter dem Organismus einzuverleiben. Das Unguentum cinereum cum Resorbino bedarf einer geringeren mechanischen Einreibung als alle anderen Salbengrundlagen für das Quecksilber.

# XV. Organpräparate.

Zur zweiten Gruppe der chemisch nicht einheitlichen Heilmittel gehören die Organpräparate, deren therapeutische Anwendung aus der Erfahrungstatsache resultiert, daß durch die mangelhafte oder ausgeschaltete Funktion einiger Organe der Körper selbst bis zur Vernichtung geschädigt wird. So machte man die Erfahrung, daß eine ungenügende oder fehlende oder endlich durch Exstirpation beseitigte Funktion der Thyreoidea Myxödem resp. Kretinismus erzeugte, eine Affektion, welche durch Zuführung von Schilddrüsensubstanz mit Sicherheit beseitigt wird. Eine tuberkulöse Erkrankung der Nebennieren, jener kleinen lange völlig vernachlässigten Organe, verursacht die perniziöse Addisonsche Krankheit. Wir wissen ferner, daß durch Kastration und Entfernung der Eierstöcke mannigfache Veränderungen im Organismus hervorgerufen werden. Es kann nach alledem keinem Zweifel unterliegen, daß alle diese erwähnten Organe im Haushalt des Organismus eine wesentliche, für das Wohlbefinden oder Existenz unerläßliche Rolle spielen.

Die chemische Forschung nahm sich dieser Materie mit großer Liebe an, und es muß hervorgehoben werden, daß manche Entdeckungen auf diesem Gebiete zur Bewunderung zwingende Ruhmestaten bedeuten.

Das erste positive Ergebnis verdanken wir Baumann,

welcher aus der Schilddrüsensubstanz einen in organischer Produkte aus der Glandula thyreoidea. Bindung enthaltenen Jodkörper darstellte, Jodothyrin oder Thyrojodin genannt (nicht zu verwechseln mit der zum Ge- Jodothyrin. brauch hergerichteten Schilddrüsensubstanz selbst, welche Thyreoidin benannt wird). Damit war die moderne Forderung erfüllt, an Stelle der Schilddrüsensubstanz selbst, welche den wirksamen Stoff neben einer Masse unwirksamer eventuell schädlicher Nebensubstanzen enthält, den wirksamen Körper in möglichster Isolierung anzuwenden. Das Jodothyrin ist in einem globulinartigen Eiweißkörper enthalten — Thyreoglobulin genannt —, stellt ein braunes wasserunlösliches Pulver dar, welches in konzentrierten Säuren und dünnen alkalischen Flüssigkeiten löslich ist, und enthält neben Chlor und anderen Elementen $4{,}5\,^0/_0$ Jod. Die genaue chemische Konstitution ist nicht bekannt.

Zur praktisch therapeutischen Verwertung wird Jodothyrin mit Milchzucker verrieben, derart, daß 1 g der Verreibung 0,3 mg Jod enthält, nämlich soviel wie 1 g der frischen Drüse. Angewandt wird es in Pulvern oder Tabletten in Dosen von 0,3 ein- bis dreimal täglich.

Obwohl durch häufigen positiven Erfolg mit Sicherheit nachgewiesen ist, daß Thyrojodin in der Tat zu den wirksamen Bestandteilen der Thyreoidea gehört, hat man doch die Erfahrung gemacht, daß zuweilen der Drüsensubstanz selbst eine bessere Wirkung innewohnt. Nachdem man erfolgreich versucht hatte, die Schilddrüsen von Hammeln in die Bauchhöhle von Kranken zu implantieren, ein Verfahren, das wegen seiner Umständlichkeit und Gefahr bald verlassen wurde, ging man dazu über, die Substanz selbst oder ihre Extrakte therapeutisch anzuwenden. Da nun die Drüse im frischen Zustande wenig haltbar ist, wandte man das bei Drogen häufig bewährte Verfahren der Trocknung im Vakuum an. Die eingetrocknete Masse wird dann pulverisiert und mit indifferenten Substanzen, besonders Milchzucker, zu Pulvern oder Tabletten verwendet. Durch dieses Verfahren wird das Thyreoidinum siccatum Thyreoidinum siccatum. Merck gewonnen (1 Tablette à 0,1 entspricht etwa 0,3 frischer Drüse), ferner die ähnlichen Präparate Thyreoidinum siccatum La Roche, Freund, Döpler u. a., welche in 1 g dem Gehalt der gleichen Menge frischer Drüse entsprechen. Erwähnt

 sei noch das Thyraden Knoll, welches ein Extrakt der Drüse
darstellt und in 1 g die wirksame Substanz von 2 g frischer
Drüse enthält.

Die Art der Darreichung aller Thyreoidpräparate ist derart, daß man mit solcher Dosis pro die beginnt, welche 0,2 g
frischer Drüse entspricht (bei Kindern entsprechend weniger).
Dann steigt man allmählich auf die fünf- bis sechsfache Dosis,
wenn nicht Vergiftungserscheinungen den weiteren Gebrauch
unmöglich machen. Cerebrale Reizerscheinungen, wie Schwindel,
Kopfschmerzen, Übelkeit, Erbrechen, ferner Herzklopfen und
alimentäre Glykosurie setzen den Wert des Mittels wesentlich
herab, so daß die eine Zeitlang warm empfohlene Anwendung
gegen Adipositas und chronische Hautaffektionen besser vermieden wird.

Nebennieren-
präparate.

Adrenalin
und analoge
Substanzen.

Zu den interessantesten Substanzen der Physiologie und
Therapie gehört ein zweites Organpräparat, der Nebennieren-
extrakt, Adrenalin, Suprarenin, Epirenan oder Paranephrin genannt. Obgleich die physiologische Wirkung der kleinen Organe
noch unerkannt ist, hat die aus ihnen gewonnene Substanz,
welche auch in ihrer chemischen Konstitution erforscht ist,
eine ungeahnte Bedeutung erlangt. Der therapeutische Gebrauch beruht in der Eigenschaft des Extraktes, die Gefäßmuskulatur in krampfhaft kontrahierten Zustand zu versetzen.
Das Adrenalin und die entsprechenden Präparate sind daher
das beste der bekannten Blutstillungsmittel, ein Erfolg, dem
auch die Gefäße unverletzter Schleimhäute unterliegen. Intravenös injiziert versetzt es die gesamte Gefäßmuskulatur in
tetanischen Zustand, bewirkt daher bei Herzschwäche infolge
herabgesetzten Blutdruckes eine augenblicklich eintretende und
in solchen Fällen durch ein anderes Mittel unerreichbare
Steigerung des Blutdruckes. Große Bedeutung hat die Kombination mit Cocain und seinen Derivaten erlangt, so bei der
Bierschen Lumbalanästhesie, bei Schleichscher lokaler In-
filtrationsanästhesie, bei Zahnextraktionen, in der Rhino-Laryngo-
logie, Urologie u. a. Sonderdisziplinen. Der wunderbaren
therapeutischen Wirkung stehen aber auch Gefahren besonders
in subcutaner und intravenöser Applikation gegenüber. Bei
alten Leuten ist Gangrän der Extremitäten beobachtet; nach
der Injektion selbst geringer Mengen ($^1/_3$ mgr). ist wiederholt

Exitus eingetreten. Gefahren bei Schleimhautanwendung sind bisher nicht zutage getreten.

Chemisch ist das Adrenalin ein Abkömmling des Brenz-catechins

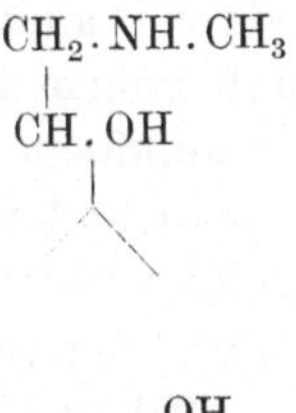

und zwar ein reduziertes Methylamino $(NH.CH_3)$ aceto $(CH_3.CO(OH))$ Brenzcatechin

Das Adrenalin, ein kristallinisches, wasserlösliches, leicht bitter schmeckendes Pulver, kommt, da die wässerige Lösung nicht haltbar ist, in Verbindung mit Kochsalz oder Aceton-chloroform in den Handel, und zwar in folgenden Kombinationen. Das Präparat von Takamine, in Originalflaschen à 28 g (5,50 M.) enthält 0,1 g Adrenalinum hydrochloricum, Aceton-Chloroform 0,5, Natr. Chlor. 0,6, Aqua ad 100,0. Die Suprareninlösung von den Höchster Farbwerken enthält 0,1 g Suprareninum hydro-chloricum auf 0,9 g NaCl und 100 g Wasser (Flasche à 10 ccm 1,50 M.). Die Solutio Epirenani hydrochlorici von Dr. Byk und die Paranephrinlösung von Merck haben ähnliche Zu-sammensetzung und Bedeutung.

Wie das Jodothyrin nicht völlig die Schilddrüse selbst in der therapeutischen Anwendung verdrängen konnte, so kommt Glandulae suprarenales siccatae pulverisatae. neben den Adrenalinpräparaten auch die Nebenniere selbst in der Therapie zur Geltung, und zwar als Mercksche Glandulae suprarenales siccatae pulverisatae und als Extractum supra-renale haemostaticum, eine bräunliche, in Wasser eine trübe

Lösung bildende Substanz, welche in $1^0/_0$ iger Lösung zu subcutaner oder besser intravenöser Injektion in Dosen von 5 ccm
gebraucht wird.

## XVI. Heilsera.

Die neueste und vielleicht geistreichste Art therapeutischer
Beeinflussung ist die Behandlung mit Heilsera. Dieser Zweig
der Therapie verdankt seine eigentliche Begründung der Erfahrungstatsache, daß trotz der Ubiquität mancher Bakterien
diese nicht immer ihre deletäre Tätigkeit entfalten. In Epi-
demien sehen wir, daß immer nur einzelne der Bakterien-
einwirkung unterliegen, während andere, trotzdem sie häufig
Bacillenträger sind, diese unheimlichen Bewohner ohne den geringsten Schaden für ihre Gesundheit beherbergen.

Wir sehen ferner, daß manche Krankheiten die Eigentümlichkeit zeigen, den Erkrankten vor einer zweiten Infektion
derselben Art für längere oder kürzere Zeit zu schützen.

Wir sind daher zu der Annahme berechtigt, daß diejenigen
Menschen, welche ohne eigene Gefahr virulente Bakterien beherbergen, welche sich für andere lebensfähig und gefährlich
erweisen, über Schutzkräfte verfügen, welche imstande sind,
die Bakterien zu vernichten oder ihre Giftwirkung zu paralysieren. Wir nennen diese Bacillenträger immun und sprechen
von einer angeborenen Immunität, wenn die Schutzkräfte ohne
überstandene Erkrankung vorhanden sind, während die Immunität nach einer überstandenen Krankheit als „erworbene" bezeichnet wird. Die Immunität bezieht sich nach dem Erwähnten
also entweder auf die Bakterien selbst oder ihre Giftwirkung.
Im ersteren Falle gehen die Bakterien ohne spezifische Wirkung
im Organismus zugrunde, im letzteren Falle wird ihre Giftwirkung neutralisiert. Diese aus den Erfahrungstatsachen sich
ergebenden logischen Schlußfolgerungen haben außerordentlich
geistreiche Kombinationen erzeugt, aus denen sich wieder eminent wichtige Ergebnisse für praktische Nutzanwendung gewinnen ließen. Behring, Roux, Koch und Ehrlich sind
die Namen der Männer, welche sich auf diesem Gebiete un-
sterbliche Verdienste erworben haben. Behring war es vor-
behalten, die ersten praktischen Erfolge aus seinen genialen

Überlegungen und Versuchen der Mitwelt überliefert zu haben. Wenn ein an Diphtherie erkrankter Organismus sich gegen eine zweite Infektion in der Regel geschützt erweist, müssen in dem Organismus durch die Erkrankung Schutzstoffe entstanden sein, welche die Giftwirkung einer neuen Infektion unwirksam machen. Diese Schutzstoffe müssen in den Körpersäften, am meisten im Blute vorhanden sein, und wenn man nun zugleich mit dem Bakteriengift das Blut der immun gewordenen Tiere einem nicht immunen einverleibt, dann muß, wenn die Schlußfolgerung richtig ist, das infizierte Tier — vorausgesetzt, daß genügende Mengen von Gegengift, Antitoxin genannt, verabfolgt sind — gesund bleiben. Der praktische Erfolg gab diesem genialen Gedankengang Behrings recht.

Mit gleichem Scharfsinn hat dieser Forscher seine Lehre zur Vollendung gebracht. Das Antitoxin bildet sich nicht nur infolge einer Infektion mit Diphtheriebacillen, sondern auch als Gegengift gegen bakterienfreies einverleibtes Diphtherietoxin, und zwar erweist sich das Serum nicht nur bei denselben Tieren als wirksam, sondern auch bei anderen und beim Menschen. Es zeigte sich bald, daß die Antitoxinmenge, welche sich nach einmaliger Infektion resp. Intoxikation bildet, zur praktischen Verwertung nicht genügt. Behring verfuhr nun derart, daß er die Tiere, zuerst Meerschweinchen und Kaninchen, dann Pferde, welche große Mengen Toxin vertragen, demnach viel Antitoxin bilden und viel Serum liefern, infizierte, sie gesund werden ließ, dann wieder mit größeren Toxindosen infizierte und so fortfuhr, bis genügende Antitoxinmengen nachgewiesen werden konnten. Nun ergab sich die Schwierigkeit, die Toxin- und Antitoxinwirkung zu bewerten. Als Einheit mußte eine Größe gewählt werden, die zunächst willkürlich war, ebenso wie z. B. die Meterlänge ursprünglich nach irgend einem Prinzip festgelegt wurde. Um diese schwierige Materie hat sich Ehrlich besonders verdient gemacht. Als Diphtherie-Normal-Toxin (DTN[1]) bezeichnete er diejenige Toxinmenge, welche imstande ist, 100 Meerschweinchen à 250 g = 25000 g Meerschweinchen so zu infizieren, daß die Tiere am 4. Tage sterben. Als Normalserum oder Diphtherie-Antitoxin-Normal bezeichnet er dasjenige Serum, von dem 0,1 ccm die zehnfache letale Dosis Toxin neutralisiert. Wenn also 1 ccm Antitoxin 10 Toxineinheiten neutralisiert, besitzt es 10 Immunitätseinheiten im Kubikzentimeter. Gebräuchlich geworden sind Sera von 200 bis 1000 Immunitätseinheiten in 1 ccm. Je konzentrierter das Serum, um so mehr werden diejenigen Nebenwirkungen vermieden, welche — wie Gelenkaffektionen und Hautausschläge — auf das fremdartige Serum zurückzuführen sind.

Bevor das Heilserum in den Vertrieb gelangt, wird es im Kgl. Preußischen Institut für experimentelle Therapie in Frankfurt a. M., das unter Ehrlichs Leitung steht, auf Keimfreiheit und Heilkraft untersucht. Serum, das getrübt ist oder einen stärkern Bodensatz zeigt, wird zum Vertrieb nicht zugelassen. Außerdem werden Kontrollproben zurückbehalten und alle zwei Monate in der angegebenen Richtung untersucht. Wird die Probe als unbrauchbar befunden, dann wird im amtlichen Publikationsorgan die Einziehung der betreffenden Marken angeordnet. Serum, kühl (bei 15°) und trocken aufbewahrt, erhält sich zirka zwei Jahre brauchbar.

Das Heilserum wird entweder zur prophylaktischen Immunisierung angewandt — 200 I. E. — oder zur Heilung bereits entwickelter Diphtherie, gegen welche, je nach der Schwere der Krankheit, Alter des Kranken und der Dauer der Erkrankung 600—3000 I. E. erforderlich sind.

In den Handel kommen folgende Präparate:

1. Höchster Diphtherieantitoxin:

    a) zu 400 .I E. in 1 ccm,

Nr. 0 200 I. E. (Immunisierungsgröße) 70 Pf.,

Nr. I. 600 I. E. 1,50 M.,

Nr. II. 1000 I. E. 2,25 M. im Taxpreise.,

Nr. III. 1500 I. E. 3,10 M.,

    b) zu 500 I. E. in 1 ccm.,

1—4 ccm, d. h. 500—2000 I. E.,

    c) zu 1000 I. E. in 1 ccm.

2. Mercks Diphtherie-Antitoxin:

    a) zu 500 I. E. in 1 ccm.

    b) zu 1000 I. E. in 1 ccm.

3. Scherings Heilserum:

    a) zu 200 I. E. in 1 ccm,

    b) zu 500 I. E. in 1 ccm.

Schließlich existiert noch festes Heilserum, das mindestens 5000 I. E. in 1 g. enthält. Es kommt in Flaschen à 0,05 g. (250 I. E.) und à 0,2 g (1000 I. E.) in den Handel. Die Herstellung der Lösungen darf nur in den Originalflaschen erfolgen. Da jeder Kubikzentimeter der Lösung 250 I. E. enthalten soll, muß zum Fläschchen mit 0,05 g festem Heilserum 1 ccm, zum andern 4 ccm. steriles Wasser hinzugetan werden.

An Idee und Gewinnung dem Diphtherieheilserum ähnlich ist das Tetanusantitoxin, welches aber an Heilkraft nicht annähernd dem Diphtherieantitoxin entspricht. Tetanus hat die enorm lange Inkubationszeit, und wenn das Gift die Nervenzellen, häufig erst nach einigen Wochen, erreicht, dann ist eine therapeutische Einwirkung schwer zu erzielen. Eine Tetanusbehandlung mit Antitoxin darf nur in den ersten 30—60 Stunden nach Auftreten der ersten Symptome versucht werden, da jede spätere Anwendung von vornherein aussichtslos ist.

In den Verkehr kommen zwei Arten von Tetanusantitoxin, das von den Höchster Farbwerken nach Behrings Methode hergestellte und das von Merck durch Tizzoni und Cattani angegebene Antitoxin. Die Höchster Farbwerke vertreiben flüssiges und festes Tetanusantitoxin, ersteres in Fläschchen mit 100 Antitoxineinheiten und 20 A. E., je nachdem eine Heilwirkung oder Prophylaxe beabsichtigt wird. Das feste Tetanusantitoxin mit 100 A. E. muß in 40 ccm sterilen Wassers zur subcutanen Einverleibung aufgelöst werden, die 20 A. E. in 5 ccm Wasser. Bei ausgesprochenem Tetanus sind 100 A. E. zu injizieren und diese Dosis an den beiden folgenden Tagen zu wiederholen, bei Kindern entsprechend weniger.

Das Merck sche Präparat stellt ein trockenes Pulver dar, in der Originalflasche $4^1/_2$ g enthaltend. In der zehnfachen Menge Wasser gelöst, wird die Hälfte sofort iniciert, die andere Hälfte in 4 Dosen an den folgenden Tagen.

Während die praktische Anwendung der Heilsera als vorläufig abgeschlossen gilt, befinden sich die theoretischen Anschauungen in dauerndem Fluß. Die Erfahrung zeigt uns, daß infektiöse Bakterien im angeboren immunen oder immun gemachten Organismus verschwinden, eine Tatsache, welche die mannigfachste Erklärung gefunden hat. Viele Anhänger fand Metchnikoff mit seiner Theorie der Phagocytose. Er beobachtete, daß Leucocyten, wahrscheinlich infolge Chemotaxis, Bakterien in sich aufnahmen und sie vernichteten. Später fand man, daß eigentümliche Wanderzellen, welche Schleimhäute in amöboider Bewegung durchwandern, dieselbe Tätigkeit entfalten. Dieser Erklärungsversuch der Bakteriolyse erwies sich als unzureichend, als man entdeckte, daß auch blutkörperchenfreies Serum Bakterien aufzulösen vermochte. Es lag dann allerdings die Möglichkeit vor, daß die Leucocyten eine Substanz absonderten, welche die bakteriolytische Eigenschaft besaß. Aus dem Widerstreit der Meinungen hat sich z. Z. wohl folgende Ansicht die meisten Anhänger erworben.

Im Blute jedes Menschen finden sich bakterienfeindliche Stoffe, die als enzymartige Eiweißkörper aufzufassen sind. Buchner nannte sie Alexine, Ehrlich heißt sie Complement, Metchnikoff Cytase. Diese Körper, welche durch Sonnenbestrahlung oder Erwärmung über $55^0$ zu vernichten sind, genügen aber nicht zur Vernichtung der Bakterien, welche erst erfolgt, wenn eine zweite spezifisch durch Immunisierung sich entwickelnde Substanz — von Pfeiffer Immunkörper, von Gruber Präparator, von Ehrlich Zwischenkörper oder Amboceptor genannt — sich mit dem Complement vereinigt. Dieser Amboceptor unterscheidet sich außer seiner durch die Erkrankung oder künstlichen Immunisierung erst verursachten Entstehung dadurch, daß er durch Sonnenlicht und Temperaturen von $60^0$ und darüber nicht zerstört wird. Nach Ehrlichs stereochemischer Vorstellung des Eiweißmoleküls besitzt dieses zahlreiche und verschiedenartige sogenannte Seitenketten, welche mit entsprechenden anderer Moleküle Anklammerungen, Verbindungen eingehen. Nach Ehrlichs Anschauung besitzt nun der Zwischenkörper im Gegensatz zu dem Complement solche (haptophore) Seitenketten, mit deren Hilfe er sich an die Zelle anlagert. Andererseits besitzt er eine andere Gruppe, welche Anklammerung mit dem Alexin (komplementophile Gruppe) ermöglicht. So bildet der Zwischenkörper also ein Zwischenglied zwischen der Zelle und dem Complement. Nach Weigerts Vorstellung bedeutet die Anlagerung der Alexine an die Zelle einen Reiz zur Bildung neuer Seitenketten, die, überreichlich produziert, von der Zelle abgestoßen werden und nun im Blute als schwimmende Antikörper fungieren.

Die Bakteriolyse ist nicht die einzige Art der Bakterien-
vernichtung. Manche Arten von Immunsera haben die Eigenschaft, auf bewegliche Bakterien derart einzuwirken, daß die
Beweglichkeit allmählich schwindet und die Bakterien, vernichtet, sich zu Haufen agglutinieren, ein Phänomen, das sich
leicht und bequem im hängenden Tropfen einer Typhus-Bouillon-
kultur beobachten läßt. Während die Vibrionen durch Zusatz
normalen Blutserums in ihrer Beweglichkeit nicht im geringsten
beeinträchtigt werden, genügt Immunserum in großer Verdünnung zur Hervorrufung der Agglutination, ein Verhalten,
das in der Typhusdiagnose eine große Bedeutung erlangt hat
(Widalsche Typhusreaktion).

Interessant ist schließlich die Bildung von Niederschlägen,
Präcipitaten, welche durch Einwirkung von Immunserum auf
bakterienfreie Filtrate entstehen.

Alle diese interessanten Beobachtungen für die Therapie
nutzbar zu machen, ist das Ziel hervorragender Forscher, allen
voran Behring und Koch. Wenngleich außer dem Diphtherie-
Heilserum bisher noch keine großen praktisch therapeutischen
Errungenschaften zu verzeichnen sind, so sind doch einige
Entdeckungen gemacht, welche zu den schönsten Hoffnungen
berechtigen. Der Kampf gilt auf der ganzen Linie der bedeutendsten lebenden Forscher dem größten Menschenfeinde,
dem Tuberkelbacillus.

Die Serumtherapie gegen die Tuberkulose geht von der Tuberkulin-
Idee aus, die Tuberkelbacillen durch ihre eigenen Produktions- präparate.
stoffe zu vernichten. Nachdem Jenner bewiesen hatte, daß
durch Überstehen der Kuhpocken die Empfänglichkeit gegen
Menschenpocken wesentlich herabgesetzt wurde, ging man, fast
100 Jahre nach dieser glänzenden Beobachtung, dazu über,
diese Erfahrung auch im Kampfe gegen andere Krankheiten
nutzbar zu machen. Pasteur war der erste, welcher die Lyssa
von diesem Gesichtspunkt aus behandelte. Die Erreger, durch
Austrocknung in ihrer Virulenz geschwächt, wurden selbst als
Mittel gegen ihre Brüder erfolgreich benutzt. Man beobachtete
ferner, daß nicht nur abgeschwächte, sondern selbst abgetötete
Bakterien therapeutisch zur Erreichung von Bakterienimmunität
gebraucht werden können. Darauf beruht die Schutzimpfung
gegen Typhus, Cholera und Pest, und schließlich ging Koch

dazu über, die Bakterienfiltrate als Heilmittel zu verwenden. Sein Tuberkulin ist eine mit Tuberkelbacillen infizierte Bouillon mit $1^0/_0$ Pepton- und $5^0/_0$ Glycerinzusatz. Nachdem die Bacillen ca. 6 Wochen lang in diesem Nährboden gezüchtet worden sind, wird die Flüssigkeit bei $110^0$ sterilisiert, filtriert und auf $^1/_{10}$ des Volumens abgedampft. Die so entstandene Flüssigkeit ist das alte Kochsche Tuberkulin, welches leider die zu hoch geschraubten Hoffnungen nicht erfüllte. Der Rückschlag nach dem Taumel, welcher der ersten Veröffentlichung folgte, war ebenso gewaltig wie die ersten Hoffnungen groß waren. Lange Jahre blieb das Mittel gefürchtet und gemieden, obwohl eine erstaunliche Kraft ihm innewohnte. Gibt es etwas Interessanteres als die Reaktion, welche einer winzigen Dosis Tuberkulin entspringt? Schlummern in diesem Mittel nicht Kräfte, die, gezähmt und umgrenzt, Heilschätze darstellen müssen? Immer mehr Stimmen finden sich, welche gute Erfolge zu berichten wissen, zumal mit späteren Modifikationen des ursprünglichen Präparates. Koch hat trotz seiner anfänglichen Mißerfolge die Forschung auf diesem Gebiete nicht aufgegeben. Nachdem er entdeckt hatte, daß die Tuberkelbacillen durch Fettgehalt ihrer Hülle gegen Extraktion ihrer Substanz geschützt sind, versuchte er durch Zusatz von $^1/_{10}$-Natronlauge die Hülle zu zerstören und die Extraktion zu erleichtern (T. A. Tuberkulin alkalisch).

In einem anderen Verfahren trocknete er die Bacillen im Vakuum-Exsiccator, zerrieb sie und schwemmte die völlig zerteilten Massen im Wasser auf. Diese Aufschwemmung wurde zentrifugiert und ergab zwei Schichten, eine obere (T.O. = Tuberkulin oben), durchsichtig, klar, frei von Bestandteilen der Bacillen, durch Zusatz von $50^0/_0$ Glycerin ohne Veränderung bleibend, und eine untere schlammige Schicht (T.R. = Tuberkulin-Rückstand), aus den zerriebenen Bacillen bestehend. Diese, mit $20^0/_0$ Glycerin versetzt, hat bei der Behandlung von Augentuberkulose große Triumphe gefeiert. Schließlich ist neuerdings noch eine fünfte Art Tuberkulin von Koch angegeben, die Bacillen-Emulsion oder Neu-Tuberkulin, welches eine Vereinigung von Alt-Tuberkulin und T. R. darstellt. 1 ccm des Präparates enthält 5 mg der pulverisierten Bacillen. Die Behandlung wird eingeleitet durch subcutane Injektion von 0,0025 mg Bacillensubstanz oder $^1/_{2000}$ ccm des Präparates, eine Verdünnung, welche mit Hilfe einer $^1/_2\,^0/_0$igen Phenollösung hergestellt wird. Nach Kochs Vorschrift steigt man nach einigen Tagen, wenn keine Reaktion auftritt, auf die 2—5fache Dosis. Neuerdings wird ein langsameres Vorgehen empfohlen, besonders bei Bekämpfung des Fiebers der Tuberkulösen. Ich selbst verfüge über einige Beobachtungen dieser Wirkung. In drei Fällen, in denen monatelange Temperatursteigerungen jeder Behandlung trotzten, gelang die Herabsetzung durch langsame Neu-Tuberkulinbehandlung. Nach 1—2tägigem Ansteigen der Temperatur um $0,3^0$—$1,0^0$ fiel sie zur Norm ab. In einem Falle stieg die Temperatur im Laufe der Wochen allmählich wieder an, um bald der Behandlung zu weichen, ein Verhalten, das ich bei derselben Kranken im Laufe von sieben Monaten viermal beobachten konnte.

Bemerkt mag noch werden, daß nur das alte Tuberkulin offizinell ist, daher stets verabfolgt wird, wenn Tuberkulin ohne weitere Bezeichnung verschrieben wird.

## XVII. Nährpräparate.

Zu den Arzneimitteln gehören meiner Auffassung nach die Nährpräparate. Dieselbe Erscheinung, welche uns bei den neueren Arzneimitteln begegnet ist, daß nämlich die chemische Großindustrie mehr als die wissenschaftliche Forschung die führende Rolle in der Darstellung und Empfehlung der Arzneimittel übernommen hat, dieselbe Erscheinung zeigt sich in noch viel höherem Maße bei den Nährpräparaten. Während aber bei den Heilmitteln zwischen Fabrik und Patient der begutachtende Arzt — in der Mehrzahl wenigstens — eingeschaltet ist, wendet sich die abenteuerlichste Reklame bei den Nährpräparaten direkt an das Publikum, das kritiklos der größten und besten Reklame folgt nach dem Grundsatz: was gedruckt ist, stimmt. Leider bewahren auch die Ärzte häufig nicht das objektive Urteil. Es ist in der Tat keine leichte Aufgabe, die Fülle der Anpreisungen kritisch zu sichten.

Manche Präparate sind als willkommene Bereicherungen der Diätetik aufzufassen, andere sind überflüssige Kunstprodukte, fast alle werden in ihrer Bedeutung überschätzt. Die

Anwendungsbreite der künstlichen Nährmittel ist leicht zu umgrenzen. Wo natürliche Nahrungsmittel und Nährstoffe vertragen werden, sind künstliche überflüssig, abgesehen von den Fällen, in denen dem Verdauungskanal aus irgend einem Grund — Typhus, Perityphlitis, Ulcus ventriculi usw. — leicht resorbierbares Material von großer Nährkraft zugeführt werden muß. Wenn wir noch die Überernährung und notwendige Kräftigung nach schweren Krankheiten und bei großer allgemeiner Schwäche als Wirkungsgebiet der Nährpräparate berücksichtigen, dann ist damit ihre Bedeutung genügend gewürdigt.

Ein Urteil über den Wert der einzelnen Präparate ist nur möglich auf Grund der Calorienberechnung, zu deren Verständnis nur wenige Daten erforderlich sind. 1 g Trockeneiweiß entwickelt 4,1 Calorien, 1 g Fett 9,3 Calorien, 1 g Kohlenhydrat 4,1 Calorien. Nehmen wir z. B. 1 Teelöffel = 5 g Somatose, dann haben wir darin — vorausgesetzt, daß das Präparat $100\,^0/_0$ Eiweiß besäße, was nicht der Fall ist — 5.4,1 Calorien = 20,5 Calorien, eine Caloriengröße, welche etwa $^1/_{30}$ l Milch oder 1 Teelöffel Zucker entspricht. Genau so verhält es sich mit den anderen Eiweißpräparaten. Bedenken wir ferner, daß 100 g Somatose im Taxpreis 5,00 M. kosten — etwa 400 Calorien darstellend, entsprechend $^2/_3$ l Milch — dann ist die wirtschaftliche Seite dieser Frage charakterisiert. Mancher arme Mann spart sich die Groschen unter den größten Opfern, um seinem kranken Kinde eine Büchse Somatose oder ein ähnliches Mittel zu kaufen. Obige Berechnung erläutert den Wert seines Opfers. Nun ist der Einwand berechtigt, daß die künstlichen Nährpräparate nur für die praxis aurea berechnet wären. Die Reklame wendet sich aber an die große Masse des Volkes. Jeder Arzt wird meine Erfahrung bestätigen, daß in der ärmsten Hütte selbst die teuersten Nährpräparate zu finden sind.

Entsprechend den notwendigen Nährstoffen, Eiweiß, Fett und Kohlenhydraten, hat die Industrie entweder diese Stoffe in irgend einer Form rein dargestellt oder Mischpräparate fabriziert.

**Eiweiß-präparate.** Mit größtem Eifer sind die Eiweißpräparate hergestellt worden. Die Ursache ist wohl darin zu suchen, daß die Wissenschaft die Bedeutung der Eiweißernährung besonders betont hat, daß ferner die natürlichen Eiweißstoffe häufig nicht in genügender oder gewünschter Menge aufgenommen werden können und daß schließlich dieser Zweig der Industrie aus dem Gebiet der Nährpräparate der älteste ist.

Die einfachste Form des konzentrierten Eiweißstoffes ist Fleisch-, Fisch- und Eiweißpulver, Möglichkeiten, die alle industriell verwirklicht worden sind. Soson ist ein chemisch reines staubförmiges Fleischpulver, das Suppen, Milch und anderen Flüssigkeiten zugesetzt werden kann. Nährstoff Heyden ist ein aus Eiereiweiß dargestelltes feines Pulver, das nur in kochendem Wasser langsam löslich ist. Eiweiß sive Albumin ist in Wasser unlöslich, erlangt die Löslichkeit erst durch Umwandlung in Albumose und weiter in Pepton. Aus Fleisch und Fisch gehen bei der Zubereitung nur die löslichen Eiweißstoffe in die extrahierende Flüssigkeit über. Sobald bei $62^0$ das Fleisch gerinnt, hört die Lösung von Eiweiß auf. Will man also möglichst viel Eiweißstoff aus Fleisch oder Fisch extrahieren, dann muß durch besonderes Verfahren eiweißreicher Extrakt gewonnen werden. Liebigs Fleischextrakt ist der stark eingedampfte wässerige Auszug des Fleisches, welcher neben den Fleischsalzen und Extraktivstoffen ca. $20^0/_0$ Albumosen enthält. Valentines meat juice ist ein ähnliches Präparat, das aber fast unerschwinglich teuer ist. 150 g kosten 4,50 M. Puro ist ein Fleischsaft, welcher ca. $33^0/_0$ größtenteils lösliches Eiweiß besitzt. 150 g kosten 2,50 M., enthalten ca. 200 Calorien, etwa soviel wie $^1/_3$ l Milch, die 5 Pf. kostet. Für manchen mag der Geschmack ein angenehmer sein, mir und vielen meiner Kranken ist er unangenehm.

In der richtigen Erkenntnis, daß der hohe Preis der Nährpräparate den Konsum einschränkt, hat die Industrie die Herstellung von Eiweißstoffen dadurch wesentlich verbilligt, daß Abfallprodukte ausgenutzt werden. Dieser Idee verdankt das Tropon sein Dasein. Die bei der Fabrikation von Fleischextrakt, Wurst, Konserven usw. restierenden Bestandteile, ferner Blut, Fische werden getrocknet, gemahlen, durch Kochen von Gelatine befreit, durch Wasserstoffsuperoxyd desodoriert, und schließlich wird zur Erhöhung des Eiweißgehaltes Pflanzeneiweiß hinzugesetzt. Es resultiert das mit großer Reklame angepriesene Tropon, ein braunes, wasserunlösliches, etwas sandig schmeckendes Pulver mit ca. $90^0/_0$ Eiweiß. Über die

wirtschaftliche Bedeutung dieses aus Abfallstoffen gewonnenen,
nicht gerade angenehm zu brauchenden Eiweißpräparates
gibt folgende von Zellner aufgestellte Tabelle Aufschluß:

   100 g Tropon mit ca. 89 g Eiweiß kosten 60 Pf.
   500 g Schellfisch mit ca. 83 g Eiweiß kosten 25 Pf.
   400 g Schweinefleisch mit ca. 80 g Eiweiß kosten 62 Pf.
   300 g Käse mit 90 g Eiweiß kosten 60 Pf.
   550 g Hafermehl mit 80 g Eiweiß kosten 50 Pf.
   400 g Hülsenfrüchte mit 100 g Eiweiß kosten 17 Pf.
   1200 g Roggenbrot mit 90 g Eiweiß kosten 53 Pf.

Zur Ausschaltung des störenden sandigen Geschmackes
ist Malztropon dargestellt worden, das als feines Pulver der
Milch zugesetzt werden kann.

In dem Tropon ist ca. $^2/_3$ des gesamten Eiweißbestandes
vegetabilischer Herkunft, größtenteils aus Lupinen stammend.
Dieser Weg führt zu zwei vorzüglichen Präparaten, welche besonders für Diabetiker von großer Wichtigkeit geworden sind.
Aleuronat und Das Aleuronat und ebenso das Roborat sind Pflanzenprodukte
Roborat. aus kleberreichem Weizen und Mais, welche zum allergrößten
Teil Eiweiß enthalten. Aleuronat hat neben ca. 85 $^0/_0$ Eiweiß
nur ca. 6 $^0/_0$ Kohlehydrate, während letztere im Roborat neben
83 $^0/_0$ Eiweiß unter 1 $^0/_0$ bleiben.

Zu nennen wären hier noch Plantose, ein Produkt aus
den Preßkuchen von Rapssamen, ferner Ovos, aus Hefe durch
Auskochung im Dampf und Eintrocknung im Vakuum gewonnen, Siris und Wuk, beides gleichfalls Abkömmlinge aus
der Hefe. Alle diese Produkte enthalten unlösliche Eiweißarten.
Lösliche Um nun dem Organismus die Verdauungsarbeit zu erleichtern,
Eiweiß- hat man das Eiweiß einer Vorverdauung unterzogen, teils zu
präparate. Albumosen teils zu Pepton. Die an dieses Verfahren ge-
knüpften Hoffnungen sind zunächst enttäuscht worden. Man
machte die Beobachtung, daß besonders die Peptone reizend
auf die Magen- und mehr noch auf die Darmschleimhaut einwirken. Die Erklärung dafür, daß die im Organismus ent-
stehenden Albumosen und Peptone adäquate Substanzen darstellen, liegt in der langsamen allmählichen Umwandlung der
unlöslichen Eiweißkörper in lösliche Produkte. Ebenso wie
durch allmähliche Abspaltung und Resorption Giftmengen
selbst von sonst tödlicher Dosis vom Organismus vertragen

werden, so wird der Magendarmkanal gegen allmählich entstehende Peptone anders reagieren als gegen plötzlich in großer Menge einwirkende Peptonzuführung.

Die heute als Peptone bezeichneten Nährpräparate enthalten in Wirklichkeit geringe Mengen dieser Eiweißart, vielmehr Albumosen, welche besser vertragen werden. So sind in Liebigs Fleischpepton (früher Kemmerichs Pepton) unter ca. $50\,^0/_0$ Eiweißstoffen etwa $25\,^0/_0$ Albumosen, ebenso in Kochs Fleischpepton unter ca. $35\,^0/_0$ löslichen Eiweißstoffen etwa die Hälfte Albumosen. Die Leube-Rosenthalsche Fleischsolution, durch Kochen von Fleisch im Papinschen Topf unter Zusatz von HCl gewonnen, besitzt unter $14\,^0/_0$ Eiweiß ca. $10\,^0/_0$ Albumosen. Neben den Eiweißstoffen finden sich in diesen Präparaten noch Fleischsalze und Extraktivstoffe. *Fleischpeptone.*

Große Verbreitung hat ein dieser Gruppe zugehöriges Präparat gefunden, Somatose. Sie wird nach Rosenthaler dargestellt, indem man Fleischeiweiß mit $2$—$4\,^0/_0$igen Lösungen von Weinstein- oder Oxalsäure auf $90$—$105^0$ erhitzt. Aus der Lösung werden die freien Säuren wieder durch kohlensauren Kalk gefällt. Somatose ist ein braunes, feines, bereits in kaltem Wasser lösliches Pulver, das ca. $80\,^0/_0$ lösliches Eiweiß enthält. Die von der Fabrik besonders betonte appetitreizende Wirkung habe ich häufig vermißt. *Somatose.*

Für die Herstellung von Eiweißpräparaten war es von epochemachender Bedeutung, daß Salkowski den Nachweis von der eminenten Resorptionsfähigkeit des Caseins erbrachte, das besser ausgenutzt wird als das Fleischeiweiß. Das Casein findet sich in der Milch als Kalksalz. Es ist chemisch als Säure aufzufassen, kann daher durch eine stärkere Säure ausgefällt werden. Im Handel kursieren jetzt eine große Reihe von Caseinpräparaten, von denen das Plasmon, Sanatogen und neuerdings das Bioson dank einer ausgedehnten geschäftsmäßigen Reklame bekannt geworden sind. Eucasin ist das Ammoniumsalz des Caseins, ca. $90\,^0/_0$ Casein enthaltend, Nutrose ist das Natriumsalz, ebenso das sehr verbreitete Plasmon, das aus der Milch gewonnen wird. Die erwärmte Magermilch wird mit Essigsäure versetzt, welche eine Ausfällung des Caseins verursacht. Dieses wird getrocknet, durch Mahlen pulverisiert und verschiedenen Reinigungsprozeduren unterworfen. *Caseinpräparate.*

Plasmon, ca. $75\,^0/_0$ Caseinnatrium enthaltend, zeigt außerdem Spuren von Fett und ca. $2{,}75\,^0/_0$ Kohlenhydrate, Bestandteile, welche aus der Milch durch die Caseingerinnung mitgerissen werden. Ein ähnliches Präparat ist das Galactogen mit ca. $70\,^0/_0$ Caseinnatrium, während Sanose ein reines Caseinpräparat (keine Salzverbindung) mit Zusatz von ca. $15\,^0/_0$ Albumosen darstellt.

Den Wert dieser Präparate suchte man durch Zusatz von Substanzen zu heben, denen besonders günstige Eigenschaften zur Kräftigung des Organismus nachgerühmt werden. So entstand das Sanatogen, das glycerinphosphorsaure Salz des Natriumcaseins, und das Bioson, eine Casein-, Eisen-, Lecithinverbindung.

Da sowohl der Eiweißgehalt, die Ausnutzung wie die Bekömmlichkeit aller dieser Präparate annähernd gleich sind, entscheidet für die Wahl neben dem Geschmack der Preis. Ein Kilo Plasmon kostet 5,20 M., Galactogen 4 M., Sanose 37,50 M., Sanatogen 30 M. und Bioson 6 M.

Angewandt werden diese Mittel:

1. als Zusatz zur Milch, zum Kaffee, Kakao, zu Schleimsuppen (1—2 Teel. pro Tasse);
2. als Zusatz zu Purées (beste Darreichungsform);
3. als Zusatz zu Gebäck (bis $20\,^0/_0$);
4. Vermengen mit Butter, Honig, Marmelade usw.

Zu bemerken ist, daß Sanatogen das Einbacken wegen leichter Zersetzlichkeit nicht verträgt.

Leimpräparate.     Zum teilweisen Ersatz des Eiweißbedarfes (bis zu $40\,^0/_0$) können Leimsubstanzen gebraucht werden, entweder in Form der Gelatina alba (Milch-, Frucht-, Suppengelée) oder des Glutons, eines selbst in konzentrierter Lösung nicht gelatinierenden Präparates, das in Fruchtsäften und Limonaden leicht unterzubringen ist.

Kohlehydrate.     Wenngleich die chemische Industrie sich mit besonderer Vorliebe der Eiweißpräparate annahm, so sehen wir auch die Kohlenhydrate in mannigfachen Kunstpräparaten vertreten.

Leguminosenmehle.     So sind die Leguminosenmehle durch feinste Zermahlung der Substanz und möglichste Ausschaltung der unverdaulichen Cellulosemassen in der Resorptionsfähigkeit fast auf das Doppelte gesteigert.

Knorrs Hafermehl enthält neben ca. 10 % Eiweiß ca. 5 % Fett und 75 % Kohlehydrate. Ähnlich, nur fettarm resp. fettlos, sind die Reis- und Tapiokamehle zusammengesetzt. Rademanns und Hartensteins Leguminosenmehle enthalten unter den Kohlehydraten 10% lösliche Substanzen.

So sehen wir hier dasselbe Prinzip angewandt wie bei den Eiweißpräparaten. Um die Aufgabe des Organismus zu erleichtern, sind die Stoffe mehr oder weniger vorverdaut. Mehl resp. Stärke ist unlöslich. Unter der Einwirkung des Speichels, insbesondere des Ptyalins, wird die Stärke in lösliches Dextrin und Maltose umgewandelt. In diesem Zustand sind die Kohlenhydrate ohne weiteres resorptionsfähig, eine Eigenschaft, die besonderen Wert in der Kinderernährung und namentlich bei der Ernährung darmkranker oder lebensschwacher Kinder beansprucht. Legion ist die Zahl der sogenannten Kindermehle, von denen Mufflers, Nestles, Rademanns, Kufeckes die bekanntesten geworden sind. Die Zusammensetzung ist relativ wenig variabel. Alle diese Präparate enthalten 10—15% Eiweiß, 1—6% Fett und 70—85% Kohlenhydrate, mehr oder weniger in löslicher Form.

Kindermehle.

Anderer Art ist Theinhardts Kindernahrung und v. Merings Odda. Ersteres Präparat enthält die Eiweißstoffe und Kohlenhydrate in vorverdautem Zustande und ergibt mit Milchmischung eine der Frauenmilch ähnliche Zusammensetzung. Die Herstellung des Präparates Odda geht von der Ansicht aus, daß die in der Milch enthaltene Butter im kindlichen Magen, besonders im kranken, Anlaß zur Bildung von schädlicher Buttersäure gibt. Das Fett in Odda wird daher aus Eigelb und Kakaobutter gewonnen.

Theinhardts<br>Kindernahrung.

Odda.

Allen diesen Präparaten ist der Nachteil gemeinsam, daß sie ohne Milchzusatz nicht genügende Caloriengröße ergeben. Wenn z. B. zur Bereitung von 150 g Suppe 3 Teel. à 5 g Mehl benutzt werden (mit Wasser kalt angerührt, dann 15 Minuten gekocht), so haben wir in den 15 g Mehl ca. 1,5—2 g Eiweiß, ca. 0,2—0,5 g Fett und ca. 10—15 g Kohlenhydrate, während in 150 g Milch ca. 5 g Eiweiß, ebensoviel Fett und ca. 7 g Kohlenhydrate enthalten sind, oder in Calorien berechnet stehen den knapp 60 Calorien der Suppe 90 Calorien der gleichen Quantität Milch gegenüber. Mit Milch vermischt stellen sie aber brauchbare Surrogate dar, werden bei Verdauungsstörungen der Kinder häufig auch als alleinige Nahrung erfolgreich benutzt.

Ein außerordentlich wichtiges Problem ist die künstliche Ernährung des Säuglings. Wenngleich wir Ärzte gewiß mit aller Energie die natürliche Säuglingsernährung erstreben, werden sich doch immer zahlreiche Fälle ergeben, in denen die Mutter- oder Ammenmilch nicht zu beschaffen ist.

**Milchersatzmittel.** Wir haben vorher schon in den Kindermehlen einen Weg der künstlichen Ernährung gekennzeichnet. Da aber der Nährwert und die Bekömmlichkeit der Präparate zu wünschen übriglassen, sind die bedeutendsten Forscher auf dem Gebiet der Säuglingspflege mit der Lösung des Ernährungsproblems beschäftigt. Einen Wegweiser für die Zusammensetzung der notwendigen Nahrung gibt uns die Natur in der Frauenmilch, welche ca. 1,25 $^0/_0$ Eiweiß, davon einen erheblichen Teil in löslicher Form, 3,4—4 $^0/_0$ Fett, 6—6,5 $^0/_0$ Milchzucker und 0,3 $^0/_0$ Salze enthält. Stellen wir dieser Mischung die Zusammensetzung der Kuhmilch mit 3,5—3,7 $^0/_0$ unlöslichem Eiweiß, 3,5 $^0/_0$ Fett, 4—4,5 $^0/_0$ Milchzucker und 0,6 $^0/_0$ Salzen gegenüber, dann erkennen wir, daß der Hauptunterschied der Kuhmilch in der großen Menge unlöslichen Eiweißes und geringern Menge Milchzuckers zu suchen ist. Diese Differenz ist auf die mannigfachste Art auszugleichen versucht worden. Monti fordert nach v. Grolmann von einem gutem Präparat: 1. Verringerung der Acidität der Kuhmilch, 2. Verminderung des Caseins, 3. Vermehrung der gelösten Eiweißstoffe, 4. Verbesserung des Fettverhältnisses zum Casein, 5. Hebung des Zuckergehaltes, 6. Verringerung der Mineralstoffe, 7. Möglichkeit der Veränderung der Nahrungszusammensetzung mit zunehmendem Alter des Säuglings, entsprechend der natürlichen Veränderung der Milch mit der Dauer der Lactation.

**v. Liebigs und Kellers Kindernahrung.** Der erste, welcher eine der Frauenmilch ähnliche Mischung angab, war Justus v. Liebig. Er führte zu einem Teil Weizenmehl die gleiche Menge Malz (wässeriger Auszug der keimenden Gerste, zu Sirupkonsistenz eingedampft) und die doppelte Quantität Wasser. Bei Maischtemperatur entwickelt sich Dextrin und Maltose. Fügt man dieser Mischung 10 Teile Milch und etwas Kalicarbonatlösung, dann resultiert die ehe-

mals so berühmte, dann fast völlig vergessene v. Liebigsche
Kindernahrung, die erst wieder durch Keller zu Ehren und
Anwendung gebracht wurde. Die Kellersche Suppe unterscheidet sich von v. Liebigs Vorschrift durch geringeren
Mehlgehalt (die Hälfte des Malzgehaltes). Liebe hat dann Liebes
diese Präparate fabrikmäßig hergestellt. Im Handel kursieren: Produkte.
Liebes Nahrung in löslicher Form (zu Sirupkonsistenz einge-
dickte Liebigsuppe, ohne Milchgehalt)· ferner Liebes Nahrung
trocken (dasselbe Präparat in trockener Form); schließlich
Liebes Neutralnahrung (der Kellerschen Angabe entsprechend). Liebes Neutralmalzextrakt oder Löfflunds Malz-
suppenextrakt ist in der Hauptsache Malzextrakt, eine Substanz, welche in der Kinder- und Krankenernährung eine große
Rolle spielt. Es kommt in Sirupkonsistenz in den Verkehr
oder als trockenes Malzextrakt in Krystallform — unter dem
Namen Maltokrystol —, schließlich als Mumme, ein pasteuri-
siertes flüssiges Malzextrakt.

Die Liebigsche und Kellersche Suppe erwiesen sich
häufig als unbrauchbar, so daß Ersatzpräparate notwendig
wurden. Die einfachste Form einer zweckmäßigen Mischung
verdanken wir Heubner, welcher durch Mischung von Milch Heubners Milch
und Wasser zu gleichen Teilen den Caseingehalt der Kuhmilch mischung.
herabsetzte und den geringen Gehalt an Milchzucker durch
Zusatz ausglich. Die Heubnersche Vorschrift lautet: Zu
100 Teilen Milch wird die gleiche Menge Wasser und 6 Teile
Milchzucker hinzugesetzt.

Soxhlets Nährzucker enthält gleiche Mengen Dextrin und Soxhlets
Maltose, ferner etwas Säure (zur angeblichen Verhütung der Nährzucker.
Ausfällung der Milchkalksalze beim Kochen) und Kochsalz,
welches den Chlorgehalt der Kuhmilch dem der Frauenmilch
ähnlicher gestalten soll.

Einen neuen Gesichtspunkt in der Herstellung von Kindernahrung brachte Biedert, welcher den Nachweis führte, daß Biederts
der Fettgehalt der Milch durch Zwischenlagerung von Fett- Rahmgemenge
kügelchen eine feinere Gerinnung des Caseins bewirkte. Sein
„natürliches Rahmgemenge" ist in fünf verschiedenen Kompositionen bekannt, mit einem Caseingehalt von $0,9-2,3\,{}^0/_0$,
durchschnittlichem Fettgehalt von ca. $2,5\,{}^0/_0$ und $5\,{}^0/_0$ Milchzucker. Biederts Rahmkonserve, Ramogen genannt, bildet

eine dicke sirupöse Masse mit 7,1 $^0/_0$ Casein, 15,5 $^0/_0$ Fett, 46 $^0/_0$ Zucker. Zur Herstellung des trinkfertigen Getränkes wird 1 Eßl. Ramogen mit 13 Eßl. Wasser verdünnt und dieser Mischung je nach dem Alter des Säuglings 2—16 Eßl. Kuhmilch hinzugesetzt. (Dose von 260 g kostet 80 Pf.)



Auf ähnlichen Prinzipien beruht die Gärtnersche Fettmilch, deren Entstehung durch ein sinnreiches Zentrifugierverfahren ermöglicht wird. Der Caseingehalt wird durch Verdünnung mit Wasser reduziert; dann wird die Mischung zentrifugiert, und der Abfluß ist so konstruiert, daß der Zentrifuge eine Flüssigkeit mit dem Fettgehalt der Frauenmilch und halb soviel Casein und Salze wie die Kuhmilch entströmt. Der Zuckergehalt wird dann durch Zusatz von Milchzucker auf den Gehalt der Frauenmilch gebracht.



Geistreich ist auch die Zubereitung der Backhaus-Milch. Magermilch wird mit Trypsin und Lab derart versetzt, daß ersteres das Casein zum Teil in 30 Minuten in lösliche Eiweißstoffe umwandelt, worauf die eintretende Labwirkung eine Ausfällung des restierenden Caseins bewirkt. Durch Eindickung auf $^4/_5$ der Menge und Milchzucker- und Rahmzusatz entsteht eine Mischung von 1,25 $^0/_0$ Albumin, 0,5 $^0/_0$ Casein, 3,5 $^0/_0$ Fett und 6,25 $^0/_0$ Milchzucker, also ein Gemisch, welches der Frauenmilch sehr ähnlich ist.

Alle diese geistreichen und kunstvollen Produkte, welche möglichst natürliche Verhältnisse schaffen wollen, haben ihren Zweck nicht völlig erfüllt. Es unterliegt keinem Zweifel, daß jedes dieser Präparate häufigen Nutzen bringt, es muß aber auch eingestanden werden, daß sie alle leider zu häufig versagen. Wie wenig die „Kunst" die Natur zu erreichen vermag, lehrt uns die Tatsache, daß gewöhnliche Buttermilch, in reinem Zustande, im dyspeptischen Stadium der Darmkatarrhe (nicht im akuten Stadium) trotz ihrer scheinbar irrationellen Zusammensetzung (2,5 $^0/_0$ Eiweiß, 1 $^0/_0$ Fett, 3—5 $^0/_0$ Zucker und große Mengen Milchsäure) häufig glänzende Resultate zeitigt.



Sehr wenig sind die Fettstoffe durch Kunstpräparate vertreten. Die meisten Fettmittel sind als Ersatz des Lebertrans gedacht, dessen Einverleibung häufig auf so große Schwierigkeiten stößt.

Lebertran-Tritol ist eine Gallerte mit 75 $^0/_0$ Lebertran und

$25\,^0/_0$ Diastase-Malzextrakt. Lebertran-Malzextrakt ist $25\,^0/_0$ überfettete Lebertranseife und $75\,^0/_0$ Trocken-Malzextrakt. Ähnlich
ist die Zusammensetzung des Löfflundschen Malzextraktes
mit Lebertran.

Lipanin ist reinstes Olivenöl mit $6\,^0/_0$ freier Ölsäure. *Lipanin.*

Sana endlich ist eine aus Mandelmilch und Fett (tieri- *Sana.*
schem und pflanzlichem) bereitete Substanz, während Margarine
aus Fett und Milch hergestellt wird.

In den Nahrungsmitteln für Kinder sehen wir bereits das *Nährpräparate*
Bestreben, alle zur Erhaltung und Förderung des kindlichen *mit ver-*
*schiedenen*
Organismus notwendigen Nährstoffe zu vereinigen. Wenngleich *Nährstoffen.*
dieses Prinzip beim Erwachsenen, der nicht auf eine Nah-
rung angewiesen ist, keine strenge Durchführung erfordert, so
erschien es dennoch opportun, nicht lediglich Eiweiß oder
Kohlenhydrate oder Fett in geeigneter Form zu bieten, sondern möglichst alle Nährstoffe und Nährsalze in einem Präparat zu vereinigen.

Es lag nahe, zu diesem Zweck auch für Erwachsene die
Milch zu verwenden. Dieser Idee entstammt das Eulactol, ein *Eulactol.*
gelbliches Pulver, das durch Eintrocknen der Milch, welcher
Magermilch, Milchzucker und Legumin zugesetzt ist, im Vakuum
entsteht. Alcarnose ist eine an Honigkuchengeschmack er-
innernde dicksirupöse Masse mit $24\,^0/_0$ Albumosen und $67\,^0/_0$
löslichen Kohlenhydraten.

Ein sehr nützliches Präparat dieser Art ist Hygiama, aus *Hygiama.*
kleberreichem Weizenmehl, kondensierter Milch und Malz hergestellt. Es enthält ca. $21\,^0/_0$ Eiweiß, darunter $16\,^0/_0$ lösliches,
$10\,^0/_0$ Fett und ca. $60\,^0/_0$ Kohlenhydrate (ca. $50\,^0/_0$ lösliche).
20 g (= 2 gehäufte Teel.) ergeben ca. 100 Calorien. 500 g
kosten 2,50 M.

Rademanns Nährtoast enthält $25\,^0/_0$ Eiweiß, $35\,^0/_0$ Fett *Rademanns*
und $45\,^0/_0$ Kohlenhydrate, oder in 1 Stück 3,5 g Eiweiß, 6,0 g Fett *Nährtoast.*
und 7,5 g Kohlenhydrate, d. h. ca. 100 Calorien darstellend.

Zum Schluß seien noch einige Getränke erwähnt, welche *Getränke.*
auch therapeutische Verwendung finden.

Frada sind frische sterilisierte Fruchtsäfte, welche reichlich *Frada.*
mit $CO_2$ imprägniert sind.

Apfel-, Erdbeer- und Traubennektar sind zur Haltbarkeit *Apfel-, Erdbeer-*
gebrachte Fruchtsäfte mit hohem (ca. $10\,^0/_0$) Zuckergehalt. *Traubennektar*

Pomril, aus getrockneten Äpfeln gewonnen, wird wegen seines prickelnden angenehmen Geschmackes von vielen gern genommen.

Größere Nährkraft besitzen Derivate aus der Milch, welche  durch eigenartige Gärungen erzeugt werden. Kumys wird aus  Stutenmilch gewonnen, Kefir aus Kuhmilch mit Hilfe der pilzhaltigen Kefirkörner. Der eintägige Kefir wirkt stuhlbefördernd, der dreitägige verstopfend.

 Yoghurt, ein bulgarisches Nationalgetränk, ist ein ähnliches Präparat, das in neuester Zeit wegen seiner angeblichen gärungswidrigen Eigenschaft viel von sich reden macht.

# XVIII. Schluß.

Wenn wir das Fazit aus allen pharmakotherapeutischen Errungenschaften der Neuzeit ziehen, dann müssen wir zugestehen, daß unser Heilschatz durch manche Perle der Arzneimittellehre bereichert worden ist. Bedenken wir aber, daß die ungeheure Flut der neuen Mittel unsere Kenntnis der alten Heilmittel verdunkelt, daß ferner neben dem Weizen die reiche Spreu sich findet, dann müssen wir uns sagen, daß die riesenhafte Reklame der beispiellos gedeihenden großen chemischen Fabriken zuviel der Bewertung und Beachtung für die modernen Mittel verlangt.

Die neuen Heilmittel sind nur ein verhältnismäßig geringer Faktor im modernen Kampf gegen die Krankheiten. Die fortschreitende Erkenntnis der ätiologischen Verhältnisse, ungeahnte Verfeinerung in der diagnostischen Kunst, die Meisterung der gewaltigen Heilpotenzen der Natur, die Luft-, Licht- und Wassertherapie, die Würdigung der Volks- und individuellen Hygiene, alle diese Faktoren müssen als Helfer herangezogen werden im Kampfe gegen Krankheit und Elend.

# Sachregister.


Acetamidoäthylphenol 47.
Acetanilid 47.
Acetylgerbsäure 44.
Acetyl-Phenylhydrazin 46.
Acidum acetylosalicylicum 42.
Acoin 17.
Actol 22.
Adeps lanae anhydricus 73.
Adeps lanae cum aqua 73.
Adrenalin 76.
Adrenalinum hydrochloricum 77.
Äthan 3.
Äthyl 3.
Äthylalkohol 3.
Äthylaldehyd 3.
Äthylbromid 3.
Äthylchininkohlensäure 48.
Äthylchlorid 3. 12.
Äthylurethan 10.
Agglutination 83.
Agurin 53.
Airol 25.
Albargin 22.
Albargol 22.
Albumen jodatum 28.
Aleuronat 88.
Alexine 82.
Aloë 49.
Alpha-Eigon-Natrium 28.
Alypin 17.
Amboceptor 82.
Amidobenzoesäureäthylester 16.
Amido-Essigsäure 48.
Amidooxybenzoesäuremethylester
   17.
Amidophenol 47.
Ammonium sulfoichthyolicum 62.
Amygdophenin 47.
Amylenhydrat 9. 10.

Amyloform 6.
Anästhesin 16.
Anilin 44.
Anthrachinon 49. 50.
Anthracen 50.
Antifebrin 47.
Antipyrin 44.
Antithermin 46.
Antitoxin 78.
Apfelnektar 95.
Apocodein 70.
Apomorphin 70.
Argentaminum liquidum 22.
Argentum aceticum 22.
Argentum colloidale solubile 23.
Argonin 22.
Argonin L. 22.
Aristochin 48.
Aristol 29.
Arrhenal 65.
Arsensäure 65.
Aspirin 38. 42.
Athenstädtsche Eisentinktur 67.
Atoxyl 66.
Atropin 70.

Backhaus-Milch 94.
Bacteriolyse 82.
Baldriansäure 59.
Baldriansäure-Mentholester 60.
Baldriantee 59.
Baldrianwurzel 59.
Balsamica 60.
Barutin 54.
Benzol 32.
Benzolring 12.
Benzonaphthol 36.
Benzosalin 42.
Benzosol 40.

Benzoylmethyltetramethyloxypiperidincarbonsäuremethylester 14.
Benzoyl-Phenylhydrazin 46.
Benzylmorphinhydrochlorid 69.
Berberin 71.
Beta-Eigon 28.
Betol 37, 42.
Biederts Rahmgemenge 93.
Bioferrin 68.
Bioson 89.
Bismutoxyjodidgallat 25.
Bismutose 24.
Bism. $\beta$ naphtholicum 24.
Bism. salicylicum 23.
Bism. subgallicum 23.
Borneol 59.
Borneolum-Isovaleriansäureester 60.
Bornyval 60.
Brenzkatechin 13. 37.
Bromalbacid 31.
Bromalin 32.
Bromeigon 31.
Bromidia 32.
Bromipin 31.
Bromoform 2.

Calomel 20.
Carbaminsäure 10.
Chinasäure 55.
Chinasaures Lithium 56.
Chinasaures Piperazin 56.
Chinin 44, 48.
Chininum bihydrobromicum 49.
Chininum glycerinophosphoricum 49.
Chininum tannicum.
Chinolin 30.
Chinophenin 49.
Chinopyrin 46. 49.
Chinotropin 56. 46.
Chloral 8.
Chloralamid 9.
Chloroform 2.
Chlorsaures Kali 20.
Chlorwasser 20.
Citarin 7.
Citrophen 47.
Clavin 71.
Cocain 12. 13.
Codein 69.
Coffein 51.
Collargol 23.
Complement 82.

Cornutin 71.
Crédésche Salbe 23.
Cumarin 25.
Cyanessigsäure 51.

Dermatol 23, 16.
Diacetylmorphin 69.
Diacetyltrioxyanthrachinon 50.
Diäthyl-Brom-Acetamid 11.
Diäthylendiimin 55.
Diäthyl-Malonylharnstoff 11.
Diäthylsulfon 9.
Dichininkohlensäure 48.
Digalen 58.
Digitalin 57.
Digitalinum crystallisatum Nativelle 58.
Digitalinum gallicum amorphum Homolle et Quevenne 58.
Digitalinum germanicum amorphum 58.
Digitalinum verum Kiliani 58.
Digitalis 56.
Folia Digitalis 56.
Digitalisdialysat Golaz 57.
Digitalysatum Bürger 57.
Digitoxin 57.
Digitoxinum amorphum Cloetta 58.
Digitoxinum crystallisatum Merck 58.
Dijod-p-phenolsulfosaures Natrium 29.
Dimethylarsinsäure 65.
Dimethyläthylcarbinol 10.
Dimethylxanthin 53.
Dionin 69.
Diphtherie-Antitoxin 79.
Diphtherie-Antitoxin-Normal 79.
Diphtherie-Normal-Toxin 79.
Diphtherietoxin 79.
Dithymoldijodid 29.
Diuretin 53.
Dormiol 9.
Duotal 40.

Eosot 39.
Epicarin 37.
Epirenan 76.
Erdbeernektar 95.
Essigsäure 3. 8.
Essigsäurealdehyd 8.
Eucain A 14.
Eucain B 15.

Eucasin 89.
Euchinin 48.
Eugallol 38.
Eulactol 95.
Eumydrin 70.
Euphthalminum hydrochloricum 15.
Euporphin 70.
Europhen 29.
Exodin 50.
Extractum Chinae Nanning 49.
Extractum sec. cornuti dialysatum
Golaz 71.
Extractum sec. cornuti fluidum 71.
Extractum suprarenale haemosta-
ticum 77.

Ferratin 68.
Ferrialbuminsäure 68.
Ferrichthyol 62.
Ferrum benzoicum 67-
Ferrum citricum 67.
Ferrum lacticum 67.
Ferrum peptonatum dialysatum sic-
cum 67.
Fetron 73.
Formalbacid 6.
Formaldehyd 4.
Formaldehyd-Ichthyol 62.
Formalin 5.
Formamid 9.
Formansäure 3.
Frada 95.
Frangula 49.

Galaktogen 90.
Gallussäure 43.
Gaultheriaöl 42.
Gärtnersche Fettmilch 94.
Gelatina alba 90.
Geosot 40.
Gerbsäure 43.
Glandulae suprarenales siccatae pul-
verisatae 77.
Glutol 6.
Gluton 90.
Glycerin-Phosphorsäure 63.
Glycerinphosphorsaures Ammonium
64.
— Calcium 64.
— Kalium 64.
— Natrium 64.
Glykosal 41.
Gonorol 60.

Gonosan 61.
Grubengas 2.
Guacamphol 40.
Guajacol 38.
Guajacolcarbonat 40.
Guajacolsulfosaures Calcium 40.
Guajacolum valerianum 40.

Hämatin-Albumin 68.
Hämogallol 68.
Hämoglobin Radlauer 68.
Hämol 68.
Halogene 20.
Hartensteins Leguminosenmehle 91.
Harnstoff 11.
Hedonal 11.
Heilserum (fest) 80.
— (Höchster Farbwerke) 80.
— (Merck) 80.
— (Schering) 80.
Helmitol 7.
Heroin 69.
Hetralin 8.
Heubners Milchmischung 93.
Hexahydrotetraoxybenzoesäure 55.
Hexamethylen-Tetramin 6.
Hexamethylentetramin-Äthyl-
bromid 32.
Hexaoxyanthrachinon 50.
Histosan 40.
Holokain 17.
Homatropin 70.
Hommels Hämatogen 67.
Hydrargyrum benzoicum 21.
— formamidatum 21.
— salicylicum 21.
— succinimidatum 21.
— sulfuricum aethylendiaminatum
21.
— tannicum 21.
Hydrastin 71.
Hydrastinin 71.
Hydrochinon 37.
Hygiama 95.

Ichthalbin 62.
Ichthargan 62.
Ichthoform 62.
Ichthyol 61.
Ichthyolöl 61.
Ichthyolsulfosäure 62.
Immunität 78.
Immunkörper 82.

Isopral 4.
Isopyrazolon 26.
Itrol 22.

Jodalbacid 28.
Jod-Alpha-Eigon 28.
Jod-Eigon 28.
Jodchloroxychinolin 30.
Jodipin 28.
Jodoanisol 29.
Jodoform 2. 25.
Jodoformin 8.
Jodol 26.
Jodolen 28.
Jodothyrin 75.
Jothion 31.

Kakodyloxyd 66.
Kakodylsäure 65.
Kakodylsaures Calcium 66.
— Ferrum 66.
— Kalium 66.
— Natrium 65.
Kanadin 71.
Karbaminsäure 11.
Karbolsäure 32.
Kefir 96.
Kellers Kindernahrung 92.
Kemmerichs Fleischpepton 89.
Knorrs Hafermehl 89. 91.
Kochs Fleischpepton 89.
Kohlensäure 10.
Kohlensäureanhydrid 4.
Kotarnin 71.
Kreolin Artmann 33.
Kreolin Pearson 34.
Kreosolseifenlösung 34.
Kreosot 39.
Kreosotcarbonat (Kreosotal) 39.
Kreosotinsaures Natrium 34.
Kreosotöl 33.
Kreosotsulfosaures Kalium 39.
Kresol 32.
Kryofin 48.
Kufeckes Kindermehl 91.
Kumys 96.

Lactophenin 47.
Lanolin 72.
Largin 23.
Laxin 51.
Lebertranmalzextrakt 95.

Lebertran Titrol 94.
Lecithin 63.
Leguminosenmehle 90.
Lenigallol 38.
Leube-Rosenthalsche Fleischsolution 89.
Liebes Nährpräparate 93.
Liebigs Fleischpepton 89.
v. Liebigs Kindernahrung 92.
Lipanin 95.
Lithium 55.
Liquor ferri albuminati 67.
Liquor ferri Mangani peptonati 67.
Löfflunds Malzextrakt mit Lebertran 95.
Löfflunds Präparate 93.
Lysidin 55.
Lysoform 8.
Lysol 34.

Malonsäure 11.
Maltokrystol 93.
Malztropon 88.
Maretin 48.
Margarine 95.
Menthol 26.
Mentholjodol 26.
Mesotan 42.
Metaarsensäure 66.
Metaarsensäureanilid 66.
Methan 2.
Methyl 2.
Methylaldehyd 3.
Methylalkohol 3.
Methylaminoaceto-Brenzkatechin 77.
Methylapomorphinbromid 70.
Methylarsinsäure 65.
Methylarsinsaures Natrium 65.
Methylatropinbromid 70.
Methylatropinnitrat 70.
Methylen 2.
Methylenchlorid 2.
Methylmorphin 69.
Methylphenol 33.
Methylpropylcarbinol 11.
Mollin 74.
Morphin 69.
Mufflers Kindermehl 91.

Naphthalin 30.
Nährstoff Heyden 87.
Nestles Kindermehl 91.

Neuronal 11.
Neurosin 64.
Nirvanin 17.
Normalserum 79.
Novocain 17.
Nutrose 89.

Odda 91.
Oesypum 72.
Oleum Santali 60.
Orphol 24.
Orthoform 16.
Orthoform neu 16.
Ovos 88.
Oxyanthrachinon 50.
Oxybenzol 13.
Oxyphenol 37.

Paraldehyd 8.
Paranephrin 76.
Paranucleinsäure 68.
Peptonsilber 23.
Peptonum jodatum 28.
Peronin 69.
Petrosulfol 62.
Phenacetin 48.
Phenocoll 47.
Phenocollum hydrochloricum 48.
Phenol 13. 32.
Phenolphthalein 51.
Phenylhydrazin 46.
Phosphorsäureanhydrid 64.
Phytin 65.
Piperazin 55.
Plantose 88.
Plasmon 89.
Pneumin 39.
Pomril 96.
Praeparator 82.
Propylalkohol 4.
Protalbinsilber 23.
Protalbumose 23.
Protargol 23.
Protylin 65.
Pulmoform 40.
Purgatin 50.
Purgatol 50.
Purgen 50.
Puro 87.
Pyramidon 46.
Pyramidon-Butylchloralhydrat 46.
Pyrazolin 26.
Pyrazolon 26.

Pyrazolonum phenyldimethylicum 45.
Pyridinring 13.
Pyrrhol 26.
Pyrogallol 37.

Quecksilberoxycyanid 21.

Rademanns Kindermehl 91.
Rademanns Leguminosenmehle 91.
Rademanns Nährtoast 95.
Ramogen 93.
Resorbin 74.
Resorcin 13. 37.
Rhabarber 49.
Rheumasan 42.
Roborat 88.
Roborin 68.
Rufigallussäure 50.
Rufigallussäurehexamethyläther 50.

Sajodin 31.
Salicylsäure 40.
Salicylsäuremethylester 43.
Salicylsäuremethoxymethylester 42.
Salicylsäurenaphthylester 36.
Salicylsäurephenolester 36.
Salipyrin 46.
Salochinin 48.
Salol 36. 42.
Salophen 48.
Salosantol 61.
Sana 95.
Sanatogen 89.
Sanguinal 68.
Sancse 90.
Santalen 60.
Santalol 60.
Santol 61.
Santyl 61.
Secale cornutum 71.
Sidonal 56.
Sidonal-neu 56.
Siris 88.
Sirolin 40.
Solveol 34.
Somatose 86. 89.
Soson 87.
Soxhlets Präparate 93
Sozojodol 29.
Sozojodolkalium 29.
Sozojodolnatrium 29.
Sphacelotoxin 71.

Stearinsäureanilid 74.
Stovain 17.
Stypticin 71.
Styptol 72.
Styrakol 40.
Sublamin 21.
Sublimat 20.
Sulfonal 9.
Sulfosot 39.
Sulfosotsirup 40.
Suprarenin 17. 72. 76.
Suprareninum hydrochloricum 77.

Tannalbin 44.
Tannigen 44.
Tannocol 44.
Tannoform 44.
Tannopin 44.
Tanosal 39.
Tetanus-Antitoxin (Höchster Farb-
   werke) 81.
— (Merck) 81.
Tetrajodpyrrhol 26.
Tetramethylammoniumhydroxyd
   70.
Tetronal 10.
Theinhardts Kindernahrung 91.
Thermodin 48.
Theobromin 52.
Theobrominum-Barium-Natriosali-
   cylicum 54.
Theobrominum natrio-aceticum 53.
Theobrominum natrio-salicylicum
   53.
Theocin 53.
Theophyllin 52.
Thigenol 62.
Thiocol 40.
Thiol 63.
Thiolum siccum 63.
Thyreoidin 75.
Thyreoidinum siccatum 75.
Thyreoglobulin 75.
Thyrojodin 75.
Tinctura ferri composita 67.
Toluol 33.
Traubennektar 95.
Tribromphenol-Bismut 24.

Trichlorisopropylalkohol 4.
Triferrin 68.
Trigemin 46.
Trimethylamin 70.
Trimethylarsinsäureoxyd 65.
Trimethylxanthin 52.
Trional 10.
Trioxybenzol 37.
Trioxyanthrachinon 50.
Triphenylmethan 51.
Tropacocain 17.
Tropon 87.
Tuberkulin (A.) 84.
— (alt) 84.
— (neu) 84.
— (O.) 84.
— (R.) 84.
Tumenol 63.

Unguentum adipis lanae 73.
Urethan 10.
Urol 56.
Urosin 56.
Urotropin 7.

Valentines meat juice 87.
Valerian-Diäthylamin 60.
Validol 60.
Valyl 60.
Vaselinum americanum album 72.
— — flavum 72.
Veronal 11.
Vinum ferri glycerinophosphorici 67.
Vioform 30.

Widalsche Typhusreaktion 83.
Wismut 23.
Wollfett 72.
Wuk 88.

Xanthin 52.
Xeroform 24.

Yoghurt 96.

Zytase 82.
Zincum sozojodolicum 29.